古建筑的维修与保护

王苏淮 余青原 姚永亮 编 著

Wuhan University Press
武汉大学出版社

图书在版编目(CIP)数据

古建筑的维修与保护/王苏淮,余青原,姚永亮编著.—武汉:武汉大学
出版社,2018.6 (2023.8重印)
ISBN 978-7-307-20206-1

Ⅰ.古… Ⅱ.①王… ②余… ③姚… Ⅲ.①古建筑－修复－研究－
中国 ②古建筑－保护－研究－中国 Ⅳ.TU-87

中国版本图书馆CIP数据核字(2018)第088682号

责任编辑:黄朝昉 孟令玲 责任校对:牟 丹 版式设计:天 韵

出版发行:**武汉大学出版社** (430072 武昌 珞珈山)
(电子邮箱:cbs22@whu.edu.cn 网址:www.wdp.com.cn)
印刷:廊坊市海涛印刷有限公司
开本:710×1000 1/16 印张:9 字数:200千字
版次:2018年6月第1版 2023年8月第2次印刷
ISBN 978-7-307-20206-1 定价:38.00元

目 录

第一章　古建筑概述

古建筑指的是具有历史意义的新中国成立之前的民用建筑和公共建筑，包括民国时期的建筑。古建筑具有浓厚的文化内涵，对当代人来说具有十分丰富的价值，同时，古建筑的研究还需要了解古建筑的特点与发展历程。

第一节　古建筑的价值

一、古建筑的文化价值

（一）建筑文化

1.建筑文化的内涵

建筑文化既是广义文化包含的内容之一，也可视为一种狭义的文化概念，是构成文化的一个重要方面。建筑文化是以建筑为载体，以人文精神为主导，综合建筑思想、建筑观念、建筑意识、建筑意念、建筑情感、建筑思潮等相应的文化要素，通过技术手段和艺术方法所形成的能给人以意境想象和教化成果的物体化的文化形态。

建筑文化的基本属性主要包括四个方面：第一，文化性。建筑是文化的载体，而文化是建筑的灵魂。一个民族的文明与社会形态往往会反映在那个时代最重要的建筑之上。如中国的长城与故宫、徽派建筑、泰国的泰姬陵等；第二，艺术性。建筑文化的艺术性通过建筑的外在形式和内部空间表现出来，是空间美、环境美、造型美、符号美、装饰美的综合，主要体现的是一种"意境美"。如太和殿的"庄重"、凯旋门的"壮观"、宏村的"淡雅"等；第三，文学性。建筑与文学有着不同的表现形式，但从美学的角度看，两者又遵循着共同的审美规律。文学中描写建筑，建筑中产生文学。例如中国早期诗集中就涉及对建筑的描绘。"天下伤心处，劳劳送客亭"（李白《劳劳亭》）、"惟有此亭无一物，坐观万景得天全"（苏轼《和文与可洋川园池三十首·涵虚亭》）等；第四，社会性。建筑文化的社会性主要通过建筑的时代性、民族性、地域性等方面表现出来。以民居来说，华北地区有四合院，广西有苗寨，内蒙古草原有蒙古包，徽派建筑有祠堂。威尼斯因被亚得里亚海所环绕，被称为"水城"。平坦河谷因底架高于地面，致使干栏式建筑兴建。因此，建筑文化体现着一个民族的人文思想、风俗习惯等，是民族文化的血脉。

2.古建筑文化

建筑是人类传统文化的结晶，是一定时期内文化的一种外在表现形式和载体，体现的是一定时期的文化在建筑方面的反映。建筑文化则包含了现代建筑文化与古建筑文化。古建筑文化往往有着比较浓郁的民族特色，是一个国家在漫长发展过程中人们对建筑的理解，融合人们对审美的认识，以古建筑的发展为基础，以古建筑作为载体，所承载的跨越时代却又彰显时代特性的文化属性和因子。

古建筑文化具有一个国家或一个民族或一个地区古建筑的属性，古建筑对古建筑文化的形成和发展具有非常重要的影响。中国古建筑具有中国特色，不管是平面、结构、空间，还是人与自然的关系、人与建筑的关系等，都涉及中国古建筑文化的方方面面，其从宏观到微观，从建筑到精神，都体现出中国传统文化的个性和特色，这也是中国传统文化赖以生存和发展的根源所在。

古建筑文化并不具有比较明确的时代属性和划分范畴，一般来说，古代留下来的建筑代表了不同地区在不同时代的建筑文化，彰显着某个地区特定时期内的建筑特性，是具有比较鲜明的地域特色的传统文化的一种体现，而古建筑则是古建筑文化内涵的一种外在彰显。

（二）古建筑的对比与调和文化

1.对立观念

第一，多元并置，丰富强烈的对比设色。对比设色的手法是中国古建筑处理色彩的主要方法之一，小到一个建筑构件大到整个建筑组群都有这种手法的应用，可以说对比设色是中国古建筑色彩中最为典型的一个特征。"红绿相间"是中国古建筑色彩中最为常见的现象，《营造法式》所记载的装彩画做法便是青底彩画用红边，红底彩画用青绿边的做法。最为典型的便是明清时期的王府、坛庙等具有一定等级的建筑，其屋顶使用绿色的琉璃瓦，而墙柱则涂成红色，构成了大面积的红绿色相对比。在传统色彩体系中，红黄对比也是比较常见的。红黄两色自古以来便是高贵之色，作为权力与富贵的象征一直被皇家建筑所应用，因此色彩的这种对比现象也是皇家建筑表现得最为典型，其中最为常见的便是黄色屋顶与红色屋身的对比。以现存的北京故宫建筑为例，屋面采用色泽鲜艳的黄色琉璃瓦，屋身部位的墙、柱、隔扇等则采用大红色，形成了红黄两色的对比色调，突显了建筑富贵而华丽的气质。金色作为与黄色的相近色，也多用于和红色对比。但其使用面积不大，多半是红色中的点缀之色，常见的是红色官式大门中的金色门钉、铺首等。

建筑上除了两种色彩之间形成对比之外，还出现了多种颜色之间的比较。如官式建筑中黄色屋顶、红色墙柱、檐下青绿彩画，形成了红、黄、绿三种色调的对比效果。以承德普宁寺大雄宝殿为例，建筑整体呈现出了红、黄、绿三种色调的对比。比如，北京故宫的太和殿也集中体现了多彩的对比效果：黄色屋顶，红色屋身，汉白玉台阶，形成了三大部位强烈的色彩对比。另外，作为中国民居最为典型的四合院建筑也是集色彩对比于一身，设色体现着内外有别的原则。

第二，物生有两，二元对立的哲学观念。古建筑上对比设色的手法根源于中华民族二元对立的宇宙观，即表现的是一种对立统一的矛盾关系。传统思维认为世界万物不可能孤立存在，任何事物都存在着两个相反的方面，事物总是在对立双方的相互作用中存在。晋国太史蔡墨曾提出"物生有两"的观点，即"物生有两，……体有左右，各有妃耦，王有公，诸侯有卿，皆有贰也。天生季氏，以贰鲁侯，为日久矣。民之服焉，不亦宜乎!"史墨认为天下的事物都是具有两个方面的，事物变化的根本原因就是事物对立面的相互作用。"物生有两"的观点自提出以后便得到了很大的发展，成为华夏民族普遍接受的一个观点。

古建筑作为历史发展中的一个因素，其形态、构成等方面也必然受到人们的审美思维的影响：在空间上强调虚与实的对比，在构图上强调曲与直的结合。除此之外，更有官式建筑所强调的"礼"与园林小品所追求的"乐"的对比。色彩作为建筑上的一个组成因素，也同样存在着这种对比现象，作为古建筑色彩上最突出的一个用色手法，对比设色正是受到了华夏民族二元对立的观念影响。所以古建筑色彩色泽鲜艳、对比强烈，有红绿对比、红黄对比、黑白对比等。小到一个建筑构件大到整个建筑组群，处处体现对比。古建筑色彩虽然对比强烈但最终又在整体上达到了和谐统一，这种对比中追求统一的现象正符合了华夏民族对立统一的哲学观念。

2.中和思想

第一，异中求同、多样统一的调和用色。古建筑色彩处理手法的另一个显著特点便是色彩的调和应用。中国古建筑向来用色大胆、色彩浓烈，往往一栋建筑上同时使用多种颜色，对比强烈，但在整体色彩上却不显杂乱，能够达到很好的协调。这其中主要源于古人在设色上调和手法的应用，使得古建筑上色彩种类虽多，对比虽强烈，但却能够做到多而不乱，达到很好的统一。古建筑色彩上的这种调和手法的应用体现在各个方面，其中最为常见的一个现象便是色彩重复使用。通常是一个对比单元重复出现，形成一定的气势，使得原本小范围内对立冲突的两种色彩在大范围内达到了统一协调。当然中国古建筑色彩的这种变化重复并不仅仅是简单的单元雷同，有时这种重复还遵循着一定的规律与原则。单元色彩作为母体按一定的秩序交替出现，使得色彩之间的对比效果更加绚丽、变化更加丰富、整体色调和谐统一。以斗拱上的施色为例，如果其中某一斗拱采用的是斗绿拱青，那么相邻两侧的斗拱则分别是斗青拱绿。按照此规律排列下去，平列一行的斗拱则颜色相互交替出现，使得色彩变化而又统一。

第二，致中尚和、中和思想的体现。中国人在色彩上所追求的这种和谐统一绝不是一种即兴心态的发挥，更不可能是一种偶然想法的形成，它是中华民族几千年来"中和"思想的典型表现，是人们一种致中尚和心态的表露。作为中华传统文化中的核心精神，中和思想贯穿于华夏文明几千年的历史发展中，深深地影响着人们的思维观念、行为方式，以及人们所创造的文学艺术等作品，古建筑色彩上的调和用色也正是受到这种中和思想影响的体现。

建筑作为历史发展中的一个因子，也同样受到中和思想的作用。传统建筑中不管单体建筑还是群体建筑都强调统一协调的原则。在古建筑中，"有民居、园林那样淡雅朴素以协调为主的和谐，同时还有宫殿、坛庙那样雍容华丽，以对比为主的和谐"。而传统文化中所强调的"和"字，更多体现的是一种多样的统一，强调的是不同元素的异中求同。传统的木构建筑便是如此，无论是在构图上还是在色彩上都不仅仅是一种简单的重复集合，而更集中表现的是一种多样或对立元素的协调统一。当然，木建筑所强调的这种和谐统一并不仅仅局限于建筑本身，在建筑与自然的关系上也有所体现。中国古人把建筑看成自然的一个组成部分，不管是单体建筑还是建筑组群都非常重视建筑与自然环境的关系，喜欢把建筑与自然环境高度融合在一起。色彩作为建筑上的一个组成元素也同样体现了"中和"的思想。中国古人运用多种手法使得古建筑色彩在丰富多样的同时又达到协调一致。古建筑色彩虽说五色斑斓、多姿多样，但不管是皇家建筑的金碧辉煌，还是普通房屋的平淡素雅，在色彩的整体构图上都取得了和谐统一的效果。

（三）古建筑的儒家思想文化

1. "礼"文化

中国五千多年的文化中包括许多方面，孔子则认为其中最重要的是礼乐制度和礼乐观念，他对这两方面的专注最多，因此礼乐也成为了儒家思想体系中最核心的观念之一。"礼"指周礼，即把法律、道德、礼仪、习惯等融为一体的东西。在孔子的眼中，"礼"是每个人都必须遵守的行为准则。"礼"包括内在精神和外在形式两个方面。内在精神的重要性大于外在形式，但只有通过外在形式的表达才能凸显出内在精神的重要性，是本质与形式最基本的关系。

孔庙作为儒家文化的建筑代表，对建筑营造的守"礼"把握得当。尽管后来在全国刮起建孔庙的风潮，但在建筑营造、装饰方面，都尽量避开建筑规模方面的越级。"礼"的秩序同时也在各个建筑之间的相互联系中体现出来。曲阜孔庙平面基本形制为其功能的发挥打下了坚实的基础，建筑空间布局以大成殿为整体建筑群的中心，与次中心的内庭空间所产生的位置关系，构成了两组功能相异的院落空间形式。曲阜孔庙建筑群的平面布局方式决定了各院落之间的关联，体现出儒家思想中一脉相承的观念。但在各建筑之间等级差别得当有序、主体突出，在礼制的约束之下推崇孔庙的精神主体——儒家思想。

2. "正"文化

儒家思想强调方正、正直、不阿的优良道德品质。儒家思想的传播者也将这种思想烙印到了空间的建筑形式和建筑总体布局上来。对方整、规则、对称、直线、轴线的向往，对非对称、弯曲图形的摒弃，从而更好地形成了一种庄重肃穆的空间布局形式。大多数的古建筑中都体现了这一思想，在设计过程中大量采用中轴对称、主从搭配、高低错落、体量比例、装饰色彩的规划设计手法；运用数的象征、形的象征、物的象征来表达人们对儒家思想的尊敬。在建筑整体空间构图中，坐北朝南、依山傍水的格局，多次采用严谨的平衡对称布局方式，在方正有序的平面和错落有致的立面设计中强调中轴线的作用。

3. "中庸"文化

任何事情都不偏不倚的中庸之道是中国儒家思想所提倡的，中庸之道也是儒家伦理思想和方法论的原则。儒家学说的基本原则是中庸，也是其美学批判的尺度所在。孔子为了把美学和艺术的各个成分和因素都和谐地统一起来，相互彼此依存并相互制约，把中庸的原则完美地融合到了美学上来，其每一个因素的发展在量上都是适度的，没有"过"与"不及"的缺点。

由于儒家中庸原则的影响，很多古建筑都呈三路布局，讲究中规中矩，同时也讲究等级森严，然而在形体结构上都讲究尺度的适中美。所谓尺度的适中，主要指能够与人的生理、心理需求相协调。在"以和为贵"的儒家思想的倡导下以及对现实世界的关注和投入下，人们的审美心理倾向于人性的尺度。古建筑以"适可而止"为准，不夸张、不浮华，使人倍感亲切舒适，以实用为主。

中庸思想，就方法论而言，其要点有二：一是"中"，二是"和"。其中最强调"和"，目的是要化解矛盾而达到一种和平稳定的状态，让礼制所规定的不同等级之间不再发生误会矛盾。达到"和"的手段是"乐"。所以，礼、乐同时使用在儒家当中是常见的。从各个方面上看，儒家主张的"和"都能很好地表现出来。如果反映到古建筑上，便有一种"中庸"之美，"无过无不及"之美，内涵丰富，深藏不露，温和敦厚，含蓄内敛，余音绕梁，发人遐想。"和"的观念不仅体现在孔庙整体的建筑布局上，而且还体现在建筑细部、装饰、质地等方面上，它们能很好地相互协调、相互衬托、相互融合。

二、古建筑的旅游价值

（一）古建筑旅游价值的优势

1.多元美学价值

第一，形态美。古建筑的美学构思和艺术成就打破了屋宇外形僵直的格局，并以多变的造型与结构形成建筑物的曲线美，并附以玻璃、雕刻、彩绘等装饰艺术，给人以协调庄重的美感。绘画、雕刻、音乐、诗歌等各种艺术形式均在古建筑上有所体现。例如晋中传统民居内外装饰华丽，有木雕精细的垂花门，甚至正房梁下的挂落、雀替都有花饰。门窗都是木樘木棂，大多花纹繁巧、图纹各异。门窗做工极为精细，屋檐下椽木梁饰等都雕刻有彩画，大多古窑洞室墙裙上也有壁画，许多大户人家都用精美的石雕或砖雕做护壁。沿街巷的宅门特别讲究，门顶形式多样。檐下用梁枋穿插、斗拱出檐等，做法各异。

第二，自然美。从单体上而言，任何一座古代建筑都必须具备适用、坚固、美观三个要素，这三个要素又无固定的模式与绝对的标准，但都是与各地的自然条件、地理环境相协调的结果。古建筑无论民宅、寺庙、衙署都是由几座或多座建筑物围绕成一个或几个庭院形成一组建筑的完整格局。它们或依山就势，或平地设置，均主次分明、错落有致、前朝后寝、左右廊房、中轴线纵贯前后，围墙或回廊设于四周，加之古树掩映、花草相间、云蒸霞蔚、溪流环绕，形成了人工美与自然美的有机结合。

2.社会经济价值

我国古代民居在审美观念、哲学思想、宗法伦理的影响下，结合其他建筑形式，以规整的型制与建筑风格展示出其独特的地方特色和文化内涵，是人类长期适应环境的具体创造，表达了农业社会的乡情语言，标志着一定历史条件下地方社会、经济、文化等综合影响所形成的具有鲜明区域性、民族性和历史文化性的民居水平，是一种独特的文化旅游资源，有着广阔的旅游市场开发潜力。此外，各地区古民居建筑又受到不同传统礼制观念、风水观念、阴阳五行、占卜、卦术、历史故事、文化传统、道、佛、儒等因子的影响而别具特色。充满了神奇的建筑文化符号，引起各方专家和学者分别从时间和空间两条线索探寻古建筑符号的文化内涵，这些富涵深刻文化内涵、作为喜闻乐见的旅游资源还有待深层次的挖掘。

3.特殊功能价值

这是由古建筑的异质性——特色旅游资源所决定的，差异性是旅游业的灵魂，若古建筑失去差异性，也就不存在古建筑旅游资源了。礼制思想是中国传统思想的核心组成部分，古建筑作为中国文化思想载体的形式之一，更加注重营造传统的人文环境，从而形成了独具特色的建筑风格。以孝为先、长幼有序、尊卑有别等的封建观念在山西的民居院落都体现得非常明确。此外，古建筑布局、型制、陈设、装饰无一不受中国传统封建礼法的制约，诸多乡约民俗制约了人们设计和建造居室的各个方面:择地、奠基、破土、上梁、封顶、入住以及入口的位置、房屋的高度、型制的选择等，其中风水对民居影响最大。

（二）古建筑的旅游价值举例

1.王家大院

王家大院位于山西省灵石县城东12公里处的静升镇，是我国最大的民居古建筑群，是晋商大院的典范，其建筑艺术和文化价值都堪称中华一绝，被誉为"华夏民居第一宅"。王家大院包括东大院、西大院和孝义祠，总面积34650平方米，共有院落54幢、房屋1052间，相当于祁县乔家大院的4倍，为灵石王家官商皆有的院落。王家大院的建筑非常科学，两院依沟为界，西片称西堡院，叫红门堡，东片称东堡院，叫高家崖，两片之间的跨沟有石桥相连。

王家大院与其说是一个院落，不如说是一座建筑艺术博物馆，它的建筑技术、装饰技艺、雕刻技巧鬼斧神工、超凡脱俗、别具一格。院内外、屋上下、房表里，随处可见精雕细刻的建筑艺术品。这些艺术品从屋檐、斗拱、照壁、吻兽到础石、石鼓、门窗，造型逼真，构思奇特，精雕细刻，匠心独具，既具有北方建筑的雄伟气势，又具有南国建筑的秀雅风格。这里的建筑群将木雕、砖雕、石雕陈列于一院，将绘画、书法、诗文熔为一炉，将人物、禽兽、花木汇成一体，姿态纷呈，各具特色。王家大院的布局，在合乎礼教和实用的前提下，其布局、穿插、连贯、分隔，既虑及老幼尊卑、主仆男女之不同，又有上下左右、东西前后之安排和明暗虚实、浓淡轻重之手法。院落有的阔大宽敞，有的小巧玲珑，可正阶而入，能旁通侧曲绕进。主院正窑入山，两旁厦窑平起；窑洞旁有房，窑顶上亦有房，且廊檐辉煌，极显华贵。同时，或以院代墙，或以房代门，以花窖掩饰暗道，变后院为前院景观，错错落落间，形神俱立，雄浑庄重，却又灵巧多姿，致使一般意义上的民居成为不朽的建筑艺术。

2.北京故宫

北京故宫位于北京市中心，前通天安门，后倚景山，东近王府井街市，西临中南海，是明、清两代的皇宫。依照中国古代星象学说，紫微垣（即北极星）位于中天，乃天帝所居，天人对应，所以皇宫又称紫禁城。明代第三位皇帝朱棣在夺取帝位后，决定迁都北京，即开始营造这座宫殿，至明永乐十八年（1420年）落成，一直到1924年逊帝溥仪被逐出。在这前后五百余年中，共有24位皇帝曾在这里生活居住并对全国实行统治。

故宫是无与伦比的古代建筑杰作，是世界现存最大、最完整的古建筑群，被誉为世界五大宫之首（北京故宫、法国凡尔赛宫、英国白金汉宫、美国白宫、俄罗斯克里姆林宫）。故宫四面环有高10米的城墙和宽52米的护城河，城南北长961米，东西宽753米，占地面积达720000平方米。城墙四面各设城门一座，其中南面的午门和北面的神武门现专供参观者游览出入。故宫的城内建筑布局沿中轴线向东西两侧展开。城之南半部以太和、中和、保和三大殿为中心，两侧辅以文华、武英两殿，是皇帝举行朝会的地方，称为"前朝"。北半部则以乾清、交泰、坤宁三宫及东西六宫和御花园为中心，其外东侧有奉先、皇极等殿，西侧有养心殿、雨花阁、慈宁宫等，是皇帝和后妃们居住、举行祭祀和宗教活动以及处理日常政务的地方，称为"后寝"，前后两部分宫殿建筑总面积达163000平方米。

在封建帝制时代，普通的人民群众是不能也不敢靠近皇宫一步的。1925年从故宫收藏的基础上建立起来的故宫博物院，是中国最早的综合性博物馆。1961年，经国务院批准，故宫被定为全国第一批重点文物保护单位。1987年，故宫被联合国教科文组织列入"世界自然与文化遗产名录"。

第二节　古建筑的特点

一、梁柱式弹性结构体系

（一）叠梁式

叠梁式是使用范围最广的一种构架形式。这种构架至迟在春秋时期就已经有了，于唐代发展成熟。我国北方地区的宫殿、坛庙、寺院等大型建筑物多采用这种结构方式，是中国古代建筑木构架的主要形式，如图1-1所示。这种构架的特点是在柱顶或柱网上的水平铺作层上，沿房屋进深方向架数层叠架的梁，梁逐层缩短，层间垫短柱或木块，最上层梁中间立小柱或三角撑，形成三角形屋架。相邻屋架间，在各层梁的两端和最上层梁中间小柱上架檩，檩间架椽，构成双坡顶房屋的空间骨架。房屋屋面的重量通过椽、檩、梁、柱传到基础。其优点是室内少柱，可获得较大的室内空间；缺点是柱梁等用材较多且施工相对复杂。

（二）穿斗式

在汉代画像石中就已看到穿斗式构架房屋的形象。这种构架多用于南方地区民居和较小的建筑物，长江中下游地区至今还留有大量明清时期穿斗式构架的民居。穿斗式构架如图1-2所示，其优点是用料较少，山墙面抗风性能好；缺点是室内空间不够开阔，柱子较密。

图1-1　叠梁式

图1-2　穿斗式

（三）井干式

除了上述两种构架形式外，中国古代建筑中还有一种井干式结构。井干式结构中不用立柱和大梁，而以圆木或矩形、六角形木料平行向上层层叠置，在转角处木料端部交叉咬合，形成房屋四壁，形如古代井上的木围栏，再在左右两侧壁上立矮柱承脊檩构成房屋。这种结构比较原始简单，商代墓椁中已有应用，目前所见最早的井干式房屋的形象及文献都属汉代。井干式结构耗用木材多，绝对尺度和门窗开设都受限制，因此仅用于少数森林地区。

由于木材建造的梁柱式结构，是一个富有弹性的框架，这就使它还具有一个突出的优点即抗震性能强。它可以把巨大的震动能量消失在弹性很强的结点上。这对多地震的中国来说，是极为有利的。因此，有许多建于重灾地震区的木构建筑，至今保存完好。如高达67米多的山西应县辽代木塔，为现存世界上最高的木塔，天津蓟县辽代独乐寺观音阁高达23米，这两处木构已经近千年或超过了1000年。后者曾经经历了在附近发生的八级以上的大地震，1976年又受到唐山大地震的冲击，还安然无恙，充分显示了这一结构体系抗震性能的优越性。

二、优美的艺术造型

中国古代建筑的艺术造型外观，一般可以分作台基、屋身和屋顶三个部分。台基是建筑物的下部基础，承托着全部上层建筑的重量。高大的台基不仅使上部建筑华丽壮观而且有防潮去湿的作用。屋身（主要构架）是建筑物的主体部分，以柱子、墙壁构成各种形式的室内空间，供各种用途的需要。屋顶（也称屋盖）是房屋的顶盖，起防备雨雪以及各种下坠物品侵害和遮阴避日、防寒保暖的功用。屋顶在艺术造型上有着非常显著的特色。在屋顶之上精心布置了许多装饰，特别是在一些华丽雄伟的建筑物屋顶上，装饰着人物、飞禽、走兽和各种形式的图案花纹。在重要的建筑物上，还以屋顶的形式来区分建筑的等级。台基、屋身和屋顶三部分，共同构成了中国古建筑的艺术形象。它们的造型不仅庄严雄伟而且优美柔和。

中国古建筑的平面、立面和屋顶的形式丰富多彩，有方形的、长方形的、三角形的、六角形的、八角形的、十二角形的、圆形的、半圆形的、日形的、月形的、桃形的、扇形的、梅花形的、圆形和菱形相套的，等等。屋顶的形式有平顶、坡顶、圆拱顶、尖顶等。坡顶中又分庑殿、歇山、悬山、硬山、攒尖、十字交叉等种类。还有的把几种不同的屋顶形式组合成复杂曲折、变化多端的新样式。

三、丰富的雕塑装饰

中国古代建筑上的装饰细部大部分是梁枋、斗拱、檩椽等结构构件经过艺术加工而发挥其装饰作用的。我国古代建筑还综合运用了我国工艺美术以及绘画、雕刻、书法等方面的卓越成就，丰富多彩、变化无穷，具有浓厚的传统民族风格。

第一，走兽。走兽又称小兽，是古代中国宫殿建筑屋顶檐角所用的装饰物。根据建筑物的等级、体量确定其使用数量，一般采用单数，太和殿用10个，属于特例。其排列顺序为龙、凤、狮子、天马、海马、押鱼、狻猊、獬豸、斗牛、行什，多为有象征意义的传说中的异兽。走兽所处的位置，在垂脊、戗脊的下端，正是几坡瓦陇上端的汇合点，为封护盖住交会线的连砖的上口，必须在连砖上覆盖脊瓦；因其斜下，若无措施不免有下滑之虞，故在交梁上需用铁钉加固，为掩饰铁钉的痕迹，于是在钉帽上加饰了一系列的小兽形象，起到美化建筑的作用。后来建筑技术不断发展，屋檐部位不需要加铁钉，而走兽的形象却保留下来，成为建筑等级的标志和建筑装饰构件，如图1-3所示。

第二，螭吻。螭吻，其寓意在佛家为护法，有驱凶辟邪的作用。因其性情好望喜吞，人们常把它用作建筑物的装饰，尤以作屋脊镇火的兽头为多，做张口吞脊状，并以一剑固定之。古代有一说法"鲤鱼跃龙门""登者化龙"，即渊源于此，如图1-4所示。

图1-3　走兽造型

第三，藻井。中国传统建筑中室内顶棚的独特装饰部分，一般做成向上隆起的井状，有方形、多边形或圆形凹面，周围饰以各种花藻井纹、雕刻和彩绘。藻井通常位于室内的上方，呈伞盖形，由细密的斗拱承托，象征天宇的崇高，藻井上一般都绘有彩画、浮雕。据《风俗通》记载："今殿作天井。井者，东井之像也。菱，水中之物。皆所以厌火也。"东井即井宿，为二十八宿中的一宿，古人认为其是主水的，便在殿堂、楼阁最高处作井，同时装饰以荷、菱、莲等藻类水生植物，希望借以压伏火魔的作祟，以护佑建筑物的安全。藻井是覆斗形的窟顶装饰，因和中国古代建筑的屋顶结构藻井相似而得其名。敦煌藻井简化了中国传统古建层层叠木藻井的结构，中心向上凸起，四面为斜坡，成为下大顶小的倒置斗形。主题作品在中心方井之内，周围的图案层层展开。由于藻井处于石窟内中央顶部，使石窟窟顶显有高远深邃的感觉，如图1-5所示。

图1-4　螭吻造型

图1-5　藻井造型

四、绚丽淡雅的色彩

在表现中国古建筑艺术的特征中，琉璃瓦和彩画是很重要的两个方面。琉璃瓦是一种非常坚固的建筑材料，防水性能强，起初是从陶瓷发展而来的。从出土实物得知，在殷代即已经有了原始的瓷器，其质地与琉璃瓦很近似。但是由于琉璃毕竟是贵重材料，所以直到南北朝、隋、唐时期才开始在建筑上使用，其时仍然是在局部作为点缀装饰。到宋、元时期出现了用琉璃瓦全部铺盖屋顶或包砌全部建筑的情况。现在河南开封的北宋佑国寺塔（俗称铁塔）就是全部用琉璃砖瓦包砌的。到了明、清时期，琉璃瓦件的生产技术提高，生产量也大大增长，皇家建筑和一些重要建筑便大量使用了琉璃砖瓦。琉璃瓦的色泽明快，颜色丰富，有黄、绿、蓝、紫、黑、白、红等。一般以黄绿蓝三色使用较多，并以黄色为最高贵，只用在皇宫、社稷、坛庙等主要建筑上。就是在皇宫中，也不是全部建筑都用黄色琉璃瓦，次要的建筑用绿色和绿色"剪边"（镶边）。在王府和寺观，一般是不能使用全黄琉璃瓦顶的。

彩画是中国古建筑中重要的艺术部分。我们追溯其源，建筑彩画也有一个长期发展的过程。根据目前所知的情况，在公元前一千多年前的殷周时期就已经开始在建筑物内外涂色绘画了。秦汉时期得到了很大的发展，唐宋时期已形成一定的制度和规格，宋《营造法式》上有详细的规定。明清时期更加程式化并作为建筑等级划分的一种标志。考其产生与发展，建筑彩画也有实用和美化两方面的作用。实用方面是保护木材和墙壁表面。古时候有一种椒房，即是在颜色涂料中加上椒粉，不仅可以保护壁面和梁柱而且可散发香气驱虫。装饰方面的作用即是使房屋内外明快而美观。彩画的图案早期是在建筑物上涂以颜色，并逐渐绘画各种动植物和图案花纹，后来逐步走向规格化和程式化，到明清时期完成了定制。

还有一些别出心裁的彩画，如故宫太和殿的柱子以贴金沥粉缠龙为饰，遵化清东陵慈禧陵在楠木梁枋上素底描金彩画，达到了金碧辉煌、登峰造极的地步。朴素淡雅的色调在中国古建筑中也占了很重要的地位。如江南的民居和一些园林、寺观，以洁白的粉墙、青灰瓦顶掩映在丛林翠竹、青山绿水之间，显得清新秀丽。北方山区民居的土墙、青瓦或石板瓦也都使人有恬静安适之感。甚至有一些皇家建筑也在着意追求这种朴素淡雅的山林趣味，清康熙、乾隆时期经营的承德避暑山庄就是一个突出的例子。

五、整体协调统一

建筑本身就是一个供人们居住、工作、娱乐、社交等活动的环境，因此不仅内部各组成部分要考虑整体性，而且要特别注意与周围环境的协调。中国的建筑在平面布置上大都采取以单层房屋为主的封闭式院落布置。房屋以间为单位，若干间并连成一座房屋，几座房屋沿地基周边布置，共同围成庭院。这种院落式的群组布局决定了中国古代建筑的又一个特点，即重要建筑都在庭院之内，越是重要的建筑，必有重重院落为前奏，在人的行进中层层展开，引起人的企盼心理。中国古代建筑已延续了两千多年，且流布范围极广，虽然受外来影响，却保持了独立的结构体系，且已积淀为一个独特的艺术系统，蕴含了极强的美学意蕴。中国古代的设计师们在进行设计时都十分注意周围的环境，对周围的山川形势、地理特点、气候条件、林木植被等，都要认真调查研究，务必使建筑布局、形式、色调等与大自然的环境相适应，从而构成一个和谐的环境空间。

第三节 古建筑的发展历程

一、原始建筑形态

（一）窑洞

窑洞和穴居是最早出现的人类住所，也是当时的主要居住方式，它满足了原始人的最低生存要求。大自然的造化之功奇伟壮丽，雕琢出无数奇异深幽的天然洞穴，也为人类提供了最原始的"家"。营造窑洞简便易行，隔绝条件也好，居住舒适而安全。但窑洞必须以深厚的黄土地貌为前提，原始窑洞只存在于中国西北黄土高原一带。黄河上游地区的黄土高原在地球最后一次冰期（约11000年前）消退时就形成了土层单一、土壤坡积发育迅速、粒度较细、节理垂直发育良好的特征，加上流水侵蚀和地貌营力的作用，形成了以峁、梁、塬、沟为代表的地貌景观。这种地貌决定了生活在这里的先民们在营建住宅时以挖洞式穴居为主要的居住方式。原始社会早期，人们居住过的窑洞十分简陋，不易保存，目前在甘肃省发现的最早的窑洞都是新石器时代的遗存。据现代窑洞的营造情况推断，黄土高原地区的窑洞有三种形式：崖窑、地窑和箍窑，如图1-6所示。崖窑是在黄土崖的一侧横穿为窑，显然是穴居洞的直接模仿；地窑是挖地成坑，再在坑壁（人工崖壁）上横穿洞；箍窑严格来说不能算是窑洞，是以土坯或砖模仿窑洞砌筑成的一种居住建筑。

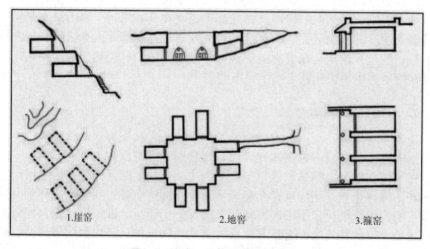

1.崖窑   2.地窑   3.箍窑

图1-6 崖窑、地窑和箍窑的形态

（二）穴居

穴居的外观是在穴口上罩一个斗笠样的茅草盖，再在其上涂泥。半穴居的顶盖较大，是圆形的"攒尖顶"式。穴壁组成房屋的"墙"，穴和屋盖的平面都是圆的，是陶窑状，古人称这样的房子为"陶覆陶穴"。庆阳县曾出土石岭下文化类型的陶屋，屋身圆柱式，顶部收缩成尖状，一侧开门，是典型的"陶覆陶穴"。

在历史上，可以将穴居分为完全穴居和半穴居两种类型：

第一，完全穴居。穴居是人类住宅史上的飞跃，由天然洞穴时代过渡到积极主动地择地营建人工住宅的时代，是人类文明发展史上的极大进步。早期的穴居方式主要是天然洞穴和窑洞，从仰韶文化时期的某些"灰坑"遗迹可推测出某些穴居住所的形式。河南偃师汤泉沟的一个灰坑遗址H6，平面圆形，底径2米，深3米，底部一侧有一柱洞，可能在此插入横木，横木另一头与立柱联结，以加强立柱的稳定性和便于人的上下，另一侧有一堆红烧土，是生火的地方。

第二，半穴居。大地湾遗址一期文化距今约7800年，在这里发现半地穴式房屋3座，平面均呈圆形，与河北省磁山的四座房址基本相同。这一时期的典型居室位于秦安县大地湾遗址F372和F301，据测定，距今约7000年。房子门道朝北，穴壁一周有支撑屋顶的木柱留下的十个柱洞，地穴内均无灶坑，居住面也未加工，是十分简陋的窝棚式住宅。坑中可以生火，此时还未必有正式的灶台，这是甘肃境内已发现的最早穴居系建筑。

穴居房屋的平面多为圆形，圆形穴居于世界各地是普遍现象，人类"最早类型的住宅为面积较小的穴室和半穴室，平面呈圆形"。德国人类学家利普斯在他的著作《事物的起源》中也认为"最原始的部落喜欢圆形小屋"。在仰韶文化以前，由于居室多为小圆形穴和半穴式，人们只能蜷缩其中，这一很不舒服的睡卧姿势，给人们的生活带来很大不便。后来，人们开始扩大室内面积或将穴壁稍稍展直，于是出现了圆角方形样式，后来发展为平面方形、长方形房屋。

（三）巢居

一般来说，北方大多数是穴居，而南方采取的居住方式为巢居，这是因为南方湿热多雨的气候特点和多山地密林的自然地理条件孕育出"构木为巢"的居住模式。《孟子·滕文公下》称："下者为巢，上者为营窟。"晋代的张华在《博物志》中说："南越巢居，北朔穴居，以避寒暑也。"其中包含着古人对地理环境和气候的理性认识和把握。

巢居遗迹很难长期保存。理论上认为，巢居系列建筑物首先在一株大树上建造落脚点，为了扩大面积，后来发展为在相邻的几株大树上共构一巢。中国历史博物馆藏有一件四川省出土的青铜"镦于"，其上有一个表示悬空的窝棚的文字，杨鸿勋认为这是"巢居"的象形文字，是在四棵树上架屋的"多树巢"，是古人"橧巢"的生动体现。巢居发展到下一步就是南方的干阑建筑体系。干阑是一种全木构建筑形式。干阑又称阁阑、高栏或麻栏，是在地下埋立或打入许多木柱，柱上端用横木组成楞格，铺木板成平台，再在台上建屋居住，台下空敞。

二、建筑技术的基本形成时期

奴隶社会是我国古代建筑体系形成的初始时期。由于青铜工具的广泛使用，手工业专业化程度的提高，以及大量奴隶的集中劳动，奴隶社会的建筑技术有了明显提高。商代时，夯土版筑技术已较成熟，统治阶级驱使奴隶营建了大量宫室、宗庙和陵墓，并且修建了一些规模浩大的灌溉工程和防御工程。当时已能建造规模较大的木构架建筑。河南偃师二里头发现的商代早期宫殿遗址，是我国迄今发现最早的、规模较大的木架夯土建筑和庭院的实例。同时，商代还出现了前所未有的院落群体组合。西周时，有了以生土烧制的瓦，版筑技术亦有所提高。春秋时期，各诸侯国营建了很多以宫室为中心的大小城市，出现了高台建筑（或称台榭），普及了瓦的应用，建筑物上开始运用彩绘及雕刻等工艺进行装饰，原来简单的木构架，经商周以来不断地改进，已成为中国建筑的主要结构方式。

三、建筑的完善时期

从公元前5世纪到19世纪中期，我国经历了十几个主要封建王朝，历时两千多年。在这漫长的封建社会里，建筑技术与艺术都在不停地发展着。封建帝王和臣属把剥削来的大量财富，集中用于他们的都城、宫殿、坛庙、苑囿、园林、陵寝、寺观、王府等皇家工程和御赐御办建筑。与此同时，全国各地官府和富绅大贾以及民间集资修建了许多衙署、坛庙、寺观、宅第、园林、桥梁、堰坝等建筑和公共建设工程，它们都是历代匠师和劳动人民聪明智慧的结晶。

封建社会时期建筑的逐渐完善可以大致分为三个方面：

第一，建筑类型的丰富。随着社会的发展，人们对建筑的需求也越来越广泛多样。政治、经济、军事、文化、宗教、科学、交通等各方面都需要以建筑来满足其要求。古代工匠们发挥了聪明才智，根据不同的需求以各种不同的结构方法、艺术造型，成功地完成了时代赋予的使命。这里要着重提到几种在此以前未曾出现的新建筑形式。例如坛庙建筑中的孔庙（文庙）、学宫、书院，是儒家思想的产物。在封建社会的中后期，从首都到每一个县、州、府都有孔庙或文庙以及相配合的学宫（学校）、考场等建筑物。这些建筑物都有各自的布局与形式。又如宗教建筑，在以前是没有的，自东汉传入佛教、唐代传入伊斯兰教、明清时期传入基督教之后，才陆续出现了佛寺、石窟寺、塔、清真寺邦克楼、天主堂等不同形式、不同结构与不同风格的建筑。值得注意的是，有些建筑物起初都是自国外传入的，它们一旦与中国传统文化相结合，经过建筑工匠们的加工创造，便具备了中国式的新风格、新形式，塔就是其中最为突出的作品。在现存的古建筑中，这种受外来影响而产生的新类型占了极大的数量；又如城防建筑工程在这时期有了许多新发展和新创造，万里长城即是其中突出的例子。其他各种类型的建筑物如住宅、园林以至帝王宫殿、坛庙、陵寝的形式结构也无不随着时代的演进而得到创新发展。

第二，建筑技术与建筑材料的发展。中国早期的古建筑技术，主要在于处理木材和土质材料方面。随着建筑类型的丰富和建筑用途的需要，出现了砖瓦、石料以及铜、铁、石灰等建筑材料，进而使建筑结构有了巨大的发展。此时期砖瓦的制作得到了巨大的发展，其质量之高，甚至超过今日。秦砖、汉瓦已成为近代文物的重要项目。陕西临潼秦始皇陵区出土的条砖和陶俑，反映了当时制作技术已经达到相当高的水平。由此而产生了拱券式结构。从汉代即已发展起来的砖砌拱券和叠涩结构，到三国、南北朝时期已经达到了很高的水平。北魏正光元年（520年）所建的河南登封嵩岳寺塔，其砌筑技术的精湛令人吃惊。北宋咸平四年（1001年）所建的河北定县料敌塔高达84米，为全国最高的古建筑。明、清时期的"无梁殿"建筑也是仿木构形式的一种新创造，至今还保存了许多无梁殿的实物。石造建筑主要用在桥梁、城防、堤坝和基础工程等方面。铜铁建筑也随着冶金技术的进步而出现。武当山金顶元、明时期的铜殿、五台山显通寺铜殿铜塔、湖北当阳玉泉寺铁塔等，都表现出较高的建筑与冶金水平。

在这一时期，木结构技术也得到了极大的发展，是建筑史上的杰出创造。这时期高楼飞阁不计其数。在长期的实践中，古代建筑匠师们不断总结经验，创造出以"材、栔""斗口"为标准的木结构"模数"，为材料的预制构件、现场安装开辟了道路。这一时期在总结经验的基础上，曾经出现了许多建筑理论、技术的专书，其中重要的三部是春秋时期成书的《考工记》、北宋李明仲编、崇宁二年（1103年）颁布的《营造法式》和清雍正十二年（1734年）颁布的《工部工程做法则例》。这些理论与技术专著的颁布施行，对建筑技术的发展起了很大的推动作用。

第三，建筑艺术日益精美。随着社会各方面的发展，特别是统治阶级财富的集中和社会文化艺术的发展，不仅帝王们的宫殿、园林、王府大加装饰美化，就是一些地方官府、地主绅士们也大兴土木，装饰宅第，美化园林。据历史文献记载，在春秋战国时期即已盛行雕梁画栋的建筑装饰艺术了。秦汉时期大量使用金、玉、翡翠、珠宝、锦绣等贵重材料作为室内的装饰。

两千多年来中国建筑艺术的发展主要表现在以下三个方面：

其一，建筑物艺术造型的发展。这是建筑形象美的重要条件，从早期的简单外廓发展成为各式各样的殿阁亭台、各式各样的屋顶和平面，优美的轮廓，曲折的变化，已成了东方建筑形象的特色。

其二，色彩的发展。中国建筑色彩的发展也是随时代的要求和崇尚而变化的。历史文献记载，殷人曾经尚黑，到了汉代又转变为尚黄，逐步发展，颜色越来越丰富。琉璃瓦从宋代起已大量使用了，明、清时期更把它扩展到几乎所有的皇家工程中。除避暑山庄个别地点之外，几乎所有的宫殿、坛庙、陵寝、苑囿都使用琉璃瓦，而且有严格的等级区分。黄色琉璃瓦顶最为高贵，除皇帝之外，其他王公大臣均不得使用全黄琉璃瓦顶，只能以黄绿镶边。后来只在清朝才开例允许孔庙使用全黄琉璃瓦顶。建筑的室内外彩画也从原来的自然描绘逐渐发展为规格化、几何图案化和程式化。到了清代基本上以旋子图案和龙凤图案作为基础图案，并且也都有等级。琉璃瓦饰和梁枋彩画已成了古建筑艺术的重要组成部分。

其三，建筑雕刻塑饰的发展。古建筑中的雕刻塑饰也是由早期的简单质朴向繁复精细发展的，形成了图案化、规格化的特点，时代风格非常明显。到了明、清时期，还出现了完全按照建筑彩画雕制的梁枋构件，不仅有石雕的，还有经雕制后烧制成琉璃的。戏曲场面和历史故事的雕刻题材，在明清古建筑中使用很广泛。各地不少会馆中的大门、戏台、大小殿宇上满布的各种砖、石、木雕，就保存了许多精品。除了建筑物本身之外，在建筑物的门口或庭院内也有各种雕塑，如狮子、马等。陵墓前的神道石雕是古代大型雕塑中的精粹之作。它们也反映了由简单粗犷向繁复精细发展的特点。从西汉霍去病墓石雕到唐、宋、明、清陵墓石雕中即可明显看出这一发展脉络。

第二章 古建筑的改造与修复

古建筑自从建成之后，历经了几十年、几百年甚至是几千年的风风雨雨，自身的功能性以及文化内涵在历史的长河中已经逐步消失。为了使古建筑的价值得到有效的体现，保证古建筑在未来能够为人们留下足够的研究价值，必须要加强古建筑的改造与修复工作。

第一节 古建筑的改造规划要点

一、保护性改造

（一）保护与改造的含义

从狭义方面来说，保护（conservation）是指福尔马林式地保持原状不变，而从广义的方面来说是在保持特点和规模的前提下，进行修改、更新或使其现代化，即以更新与再生为基础的利用。保护是为了利用，利用促进了保护。建筑遗产因对人类有教益的、情感需求的、物质的用处，所以需要保护，而保护就是为了利用这些遗产为当代或者未来的各种社会需求服务。最终历史性建筑因利用得以保存下来。对历史性建筑而言，我国已由被动式的保护趋向于主动式的更新。关于古建筑保护的范围，涉及面较为广泛。在实施的过程中，一方面要注意保护古街区的历史风貌特征，更为重要的是保证当地居民的正常生活，同时也要保证古街区与周围环境相互协调发展。但是总体来看在古街区的保护过程中最为核心的矛盾点在于：如何协调现代生活的使用功能与古建筑风貌保护之间的问题，使城市能够保存历史的遗留，而在现代社会中更能保持发展前景。

改造（renovation）指的是进行重建、着眼于满足新的功能需求，提高环境品质。改造可参照原有建筑模式及形式进行。保护和改造在城市的建设发展中占有举足轻重的地位，而完善的体系则可以使人们在保护改造中以经济、社会和环境综合效益为最终目标，指导人们选择优化方案，使古建筑在原有特色和风貌得到很好的保护的同时，通过合理的改造，使街区的经济、社会和环境效益得到较大的提升，从而更好地适应现代城市的发展。

（二）保护性改造的价值

1.历史研究价值

保护和利用好古建筑，对历史文化名城有着非常重大的现实和历史意义。我们之所以能够发现城市的一些特点和美，就是因为我们还很幸运地能在城市中看到几条古街和几栋古建筑。古建筑、古街是历史文化的重要载体，是物化了的城市历史文化、记忆、信息，是对世俗文化的真实写照，是建设"旅游都市、特色都市"极为珍贵的资源，是研究城市发展史、陶瓷史、经济史以及民俗珍贵的实物历史资料。一个城市中拥有的古建筑、古街，不仅能唤起今人、后人对它的永久记忆，还能拥有解读其历史文化密码的钥匙。此外，从长远方面来看，如果一座历史文化名城没有历史风貌保留较完整的街区（不包括仿古建筑街区），那么其历史文化名城的称号就有可能被摘掉，所以，对古建筑、古街进行妥善保护和整治是极为必要的。古建筑保留了真实的历史遗存和历史风貌，蕴含着丰富的文化信息；古街可供考古科研和教育的开发，能唤起人们对历史、地域文化的热爱，引发强烈的认同感，是极为宝贵的精神资源。

2.生活价值

对一些老城区中的古建筑、古街，也许有人会说："完全无法适应现代人的居住。"但是，人们却往往忽略了一点：一种居住形态的形成是一个持久的历史文化过程，一种生活形态的产生和成熟，必然有其内在的合理性与必然性因素。比如，人与自然之间的相互关系、人与人之间的相互关系、家庭观念、人的心理与居住的空间层次的契合等，都是人们在不断地跟自然、社会相互融合、相互协调的基础上逐步发展和成熟的。交通工具的改变、生活节奏的改变以及经济模式的改变等，都给现代生活与传统模式带来了相互间无法协调的矛盾，但传统居住的模式将为我们的规划与建筑创作设计提供灵感。而就老城区古建筑、古街而言，对其本身加以改造和更新创作，又能使老城区在新时期重新焕发出活力。

3.旅游价值

后工业化时代的到来，使人们对生活有了不同的认识，旅游成了人们生活中不可缺少的内容。尤其在20世纪80年代以后，旅游有了很大的进步和发展，内容也从单一的只注重自然风光为主，发展到了今天的结合民俗风情。"贴近生活，回归家园"成为近年世界旅游的热门主题。在历史文化名城打造旅游区要切合实际，走出一条符合自身历史文化名城发展的道路。比如，对景德镇旅游街区的规划，首先要以保护和发展陶瓷文化以及古建筑遗迹为主题，其次是以推动城市的现代发展为目的。例如：将景德镇现在的古街重新规划为一条世界知名的陶瓷文化街区，古街本身的建筑群是景德镇历史积淀的见证，要完全保护其特色，将历史文化传承下去。仅仅只停留在保护上是不能满足现代城市发展的需要的。景德镇作为享誉世界的瓷都本身具有其优势，将陶瓷的制作工艺和产品的展销融入到古色古香的明清建筑群中，使得古街不仅只局限在建筑的表象上，更赋予了其陶瓷文化的内涵，成为旅游的亮点来吸引世界的目光，从而达到将陶瓷产业扩展到以旅游业为整体的街区模式，促进历史文化名城进一步发展的目的。

（三）保护性改造的要点

1.注重文物建筑的真实性

从20世纪60年代开始，文物建筑保护的核心问题是"真实性（authenticity）"，虽然这个词仅仅在《威尼斯宪章》的序言中提到过一次，但它一直是文物建筑保护理论中被争论得最热烈的问题，1994年奈良国际会议的主题就是"文化遗产保护中的真实性"。当前，对于这个问题正逐渐形成一种更明确的认识和更完整的观念。这种观念认为：历史的文物建筑应该被看作一个历史信息的载体，这个载体与历史信息的关系是生息共存、不可逆转或再生的。因此，保护的要素为文物建筑的存在性、真实性和整体性，其中真实性是最基本的要素。存在性是尊重历史的固有，真实性强调史证的可信，整体性并非意味着形式的完美。从这个意义上讲，传统观念中那种试图通过修复来恢复历史文物建筑形式的做法已不再被强调，取而代之的是如何保持历史文物建筑的存在和保证它们寿命的延长。由此，对文物建筑真实性的含义可以理解为历史的固有性、史证的可信性和信息的完整性三个方面。

在古建筑中，对其的改造首先应注意的一点就是对其的保护，这就要求注重古建筑尤其是一些文物建筑的真实性，维持其历史的固有性，保证可以让后人在看到这一建筑时能够获得真实、完整的历史信息，这也是保护性改造的重点。

2.注重日常的维护

目前的保护性改造的目的是延长古建筑的寿命，而日常维护则是一种间接却行之有效的方法。这种方法主要是经常、定期地检查古旧建筑和它的环境，及时清除隐患，避免破坏的发生，清洁表面积灰和脏污。这是古建筑保护最重要的措施，走在大街小巷当中随处可见日常维修用的脚手架和施工帷幕。很多重要的文物建筑一年到头都在进行维护，脚手架几乎是围着建筑在转。

3.注重古建筑的各方面价值

在古建筑中，文物建筑占了其中的大部分，文物建筑的价值有以下四个方面：其一，情感价值，包括新奇感、认同作用、历史延续感、象征性、宗教崇拜等；其二，文化价值，包括文献的、历史的、考古的、审美的、建筑的、人类学的、景观与生态的、科学的和技术的等；其三，历史价值，包括文明史的、考古的、人类学的、文献学的、政治学的、社会学的等；其四，科学价值，包括科学的、技术学的、材料学的、城规学的、建筑学的、景观与生态方面的等。即使不属于文物建筑的其他古建筑也同时具有以上多种价值或者其中的某种价值。因此对古建筑的鉴定、评价、保护、修缮、使用都要从情感的、文化的、历史的、科学的等方面综合着眼，而不是从（或主要从）建筑学的角度着眼。

关于文化价值、历史价值、科学价值的作用很容易理解，特别值得一提的是情感价值的作用，对这方面的揭示是近年来古旧建筑保护新观念的主要反映之一，其内容的核心是"文化认同"。所谓文化认同（cultural identity），其表层的含义是每个民族在社会文明进程中寻找自身落点的依凭，其深层的作用则是通过这种文化落点和文化归属的认同，在强调本体价值、尊重多元文化并存的现代社会文化趋势中产生一种凝聚作用，以期达到民族之间的共处和国家的巩固的目的。这种文化的认同感在我国的一些城市中都有所体现。当你走进一个文化名城时，你会很容易听到一个普通的市民和你讲述他所处的城市的历史、建筑时，都带着对自己民族文化的自豪感，这与当地的大力宣传和教育有关，也与我国的文化传统有关。

4.与高度发达的工业设计相融合

随着我国改革开放进程的加快，我国各个城市中的工业都得到了极快的发展，工业设计也趁着这股春风得到了发展。工业设计的重新崛起和成功归功于建筑设计与工业制造的紧密结合，同一个设计师既能设计一座宏伟的建筑大厦，也能设计建筑空间中的一把椅子。例如意大利建筑师卡洛·斯卡帕（Carlo Scarpa），他以修复改造古建筑闻名，同时也是一位工业设计师，在很多他改造的建筑中都有由他专门设计的家具，他的儿子也是这样。在当今世界上，尤其是我国，有一大批设计师和设计师组织，他们中的90%都是建筑师出身。这就保证了建筑本身与其空间内部的家具、灯具等工业设计的完美的结合。很多古建筑的改造，在根本上就是依托工业设计的作品，对建筑本身几乎不加任何修饰，只是在其空间中摆放了适合它的功能的家具和灯具等，比如贝尔加莫（Bergamo）的一个府邸，就将大厅变成了报告厅，将色彩鲜明的椅子排布在毫无装饰的大厅当中，光滑的现代家具表面与粗糙的砖石表面构成了一种有趣的和谐关系。

二、节能性改造

（一）建筑节能改造的必要性

有关资料显示，我国产业化建筑面积到2017年将会超过5000万平方米，且依然保持迅猛增长的势头，每年都有高达20亿平方米的建筑面积新建完工，而高耗能建筑占到其中九成以上。如果按目前态势发展下去，五年内我国每年超过十亿吨的标准煤将会由建筑消耗掉70%，而目前的年建筑耗能刚超过3亿吨。需要注意的是，全国每年新建建筑中符合节能标准的建筑面积不足1亿平方米，不到新增总量的百分之二。即使在城镇中，也仅有23%的建筑为节能建筑或是基本能满足建筑节能的要求，而剩下的近80%的城镇建筑和近300亿平方米的乡村建筑，如果从暖通空调系统或者是围护结构的水准来看，都属于高能耗建筑。若是用我国和处于大致相同的纬度和拥有类似气候条件的发达国家作横向比较，从暖通空调系统耗能角度来看，发达国家单位面积耗能仅为我国的1/3左右；从围护结构的角度来看，发达国家建筑围护结构热工性能要好很多，其单位面积采暖耗能量外窗为我国的1/2至1/3、外墙体为我国的1/4至1/5、屋面为我国的1/3至1/6、门窗气密性为我国的3倍~6倍。经过机械相加就可以看出，我国单位建筑面积能耗至少是发达国家的3倍以上。此外，当下民智已开，节能环保的理念早已深入人心，在可持续发展观更是成为国策的今天，我们更应该适时地用新的眼光审视下我们现在的发展模式的利弊。

综上所述，我国首先是资源有限，其次是基数面积大、新建速度快的建筑又以远超发达国家的耗能水平消耗巨量资源，即意味着改造价值总量庞大，最后更重要的是，人民对于生活水平日益提高的期望和现在的室内舒适度以及社会环境质量不匹配。所以，如果要继续推进社会进步和经济发展、提高人民生活水平、减轻环境污染、保障国家能源安全最有效的方式就是推广建筑节能，而对既有建筑进行节能改造，采用提高建筑围护结构的保温隔热性能等适用的节能关键技术无疑是其中潜力最大、效费比最高的措施。既有建筑既包括我们现在居住与工作的房屋建筑，还包括一些古建筑，这些建筑的建设时间早，甚至与现代化的居住条件不相符，对这些建筑进行节能改造具有重要意义。

（二）古建筑节能改造的实践

1.德国国会大厦改建工程

德国国会大厦最初为德意志帝国的议会大厦，建成于1894年德皇威廉二世时期，其钢和玻璃制成的中央穹顶采用了当时先进的结构技术。"二战"时，作为柏林巷战的战场惨遭破坏；冷战时，由于联邦德国的首都在波恩，议会大厦一直闲置未加修复。1954年，为了防止已经遭到损坏的主体结构因为承受不住钢结构拱顶施加的压力，拱顶被拆除。1991年，两德合并，德国首都迁回柏林，由原议会大厦改建而成的国会大厦被确定为德国联邦议院所在地，但是必须经现代化改建才能使用。为此，就像19世纪末公开竞标议会大厦的建设方案一样，德国政府在1993年发起了国会大厦改建项目的国际设计竞赛。作为负有政治意义的历史建筑改造，任务书一开始就提出了四个明确的目标，其政治目标这里暂且不表，从建筑学角度上讲它要求改造要明确理解和表现古建筑，且改造好的建筑必须是低能耗的、面向未来的和可持续发展的，即充分运用"透明、清晰和起到楷模作用的新型能源技术"，最终英国建筑师诺曼·福斯特的方案从近80份投标方案中脱颖而出。

福斯特的改建方案出色地实现了任务书中对绿色建筑的期待，改建后仅整个国会大厦中最显眼的玻璃穹顶就汇聚了绿色建筑技术的巧思。福斯特最初反对"出于纯象征性原因"在大厦顶上建设任何附加的结构，但是迫于政治的压力，不得不修改了设计方案，结果新添加的穹顶反而成了其最出彩的杰作。玻璃穹顶与其正下方的议事大厅通过巨大的锥体链接，锥体外表面上挂有反射板。锥体上的反射板能够将自然光漫射入议事厅内，锥体顶层有一圈旋转导轨，导轨上安装有"芭蕉扇"状的轻质金属遮阳百叶，根据太阳追踪装置可沿着导轨自动调整向阳角度，这样既能保证大厅内的自然光照明充分柔和，又能够避免厅内获得过量的热辐射。大厦沿立面布置的房间窗户皆设置了双层玻璃，外层为钢化层压玻璃以保证安全性，内层为隔热低透玻璃。

国会大厦的穹顶和锥体不仅是象征性结构和照明系统的一部分，还完美地融入了大厦的通风系统内。国会大厦的新风系统进气口设在西门廊的檐口，吸进的空气依靠地板下的风道流动，并从阶梯大厅的座位下以可控风速和流量吹入室内，最后厅内浑浊的空气被吸入顶部的锥体，从穹顶开口处排出，以此来实现大厦大厅内空气的迭代。大厦侧屋的房间通风主要通过开窗行为来控制，也可以通过暖通空调系统调节，空气更新频率可达每小时五次。

国会大厦的改造不仅注意到了降低能耗，更力求使用清洁环保的能源来维持大厦运作。比如国会大厦的发电燃油使用的是从葵花子、油菜籽中提取的混合植物油，这种油料燃烧充分且高效，可有效将国会大厦的年二氧化碳排放控制在50吨以内，这一指标仅为没有改造前国会大厦年二氧化碳排放量的一百四十分之一，而达到这一低排标准除了使用清洁燃油，还得益于铺设在屋顶的太阳能光电板的使用，这一最高发电功率达40kw（千瓦）的电能主要对通风系统和穹顶的可旋转遮阳百叶提供电力辅助。

在国会大厦改造的20世纪90年代初期，福斯特非常超前地运用了地源热泵的水循环技术来提供大厦夏天制冷和冬天制热的能源供应。在大厦地下设计有不同深度的两个水池，两个水池和大厦的空调系统形成连接环路，相对深度浅的用来储蓄冬天制热过的冷水来提供夏天的制冷，相对深度较深的则用来蓄存夏天制冷后的热水用来提供冬天的供暖，以此来实现冷热交换，并避免了热污染。

2.苏州大儒巷丁宅的改造

苏州大儒巷丁宅，是典型的高墙深院的大型苏州古名居，内有砖雕墙门，天井内有庭院水池垒石等景观，其原址位于苏州平江区大儒巷6号，始建于清代，为何人所建已经不可考。民国时期，因为苏州著名实业家丁春之置业于此，故称丁宅。丁春之是中国近代著名的爱国者、民族资本家、社会活动家。丁春之早年曾任清末山西知县。辛亥革命后，丁春之回乡投身实业，创办了苏州电气公司，这也是苏州最早的民办电厂。

大儒巷丁宅原在长发商厦附近，是苏州市控保建筑。因为2011年夏天的大雨，丁宅房梁不堪重负发生断裂，导致头进门厅垮塌，因此丁宅被迫进行整体搬迁复建。迁移后的丁宅位于大儒巷54号，处于大儒巷和肖家巷之间。丁宅的修复和改造立足于旧物和原件利用的基础上，考虑到新建之后要作为艺术家王小慧的个人展馆，进行了新的设计和相应的改造。

为了符合王小慧女士的后现代主义艺术风格，首先在南门外立面上，丁宅的改造采用了现代主义建筑的思路，增大了开窗面积，并采用传统木格窗延续传统。在南墙屋檐向外挑出，其下设计建有不锈钢细柱排列而成的幕墙，幕墙中间开有一扇两人宽的新门，其用亮面不锈钢复刻了原丁宅清代风格的前门。丁宅新的南立面不仅兼具传统造型和现代艺术感，还可以作为立面外遮阳系统对古建做一定保护，减少阳光直射传入进墙体窗户。此外，幕墙内外还加入了声光电系统，晚上亮灯后，整个建筑会散发出具有层次的光影，配合路边特地设计的街灯，很好地融入到了街区之中。第二进和第三进的天井加建了坡屋顶形的玻璃顶。该处的丁宅设计一方面虽然增加了室内空间，为展览创造了更易平衡温湿度的条件，但另一方面，中国传统建筑的庭院依靠其坡屋顶形成了自有的肌理，玻璃顶虽然通透，有可能依然破坏了原有的韵律节奏；另一方面，从建筑节能的角度讲，玻璃顶冬天虽然可以增加采光阻挡寒风，但是夏天却会增加热辐射，且该处玻璃顶均为非可开启结构，没有天窗可以散热，且重要的是其外没有设置外遮阳亦或是内部也没有加装遮阳帘。丁宅的地面的处理考虑到了博物馆对于恒定湿度的较高要求还有苏州较高的地下水位。如二三进之间的天井展区，因为原铺设方砖的质地孔隙较大，不利于防潮，因此换用了质地更为细密的黄岗岩铺地。另外，对新换的铺地方砖，为了和原有地砖一致，都进行了做旧处理。

（三）古建筑节能改造的要点

1.建筑气候缓冲

日本建筑师黑川纪章提出"灰空间"以来，世人皆知以"日本建筑师三杰"为代表的日本建筑师善用灰空间这样的过渡空间来处理建筑与场地的关系，以达到人与自然的和解、建筑内与外的融合。殊不知，在中国苏州的传统建筑中、檐廊、天井等有相似概念和功能的空间早已被用来组织建筑串联建筑群落。它们建造的最初目的是用来沟通室内外、使得建筑的使用者免受阳光直射、风吹雨淋之苦，但最后竟也成了一种建筑与周边环境的气候缓冲空间。

2.墙体的保温隔热

古城区传统建筑的外墙一般是空斗砖墙，内墙做木质隔断，空斗墙是我国的西南和东南三层以下建筑常见的填充墙或者承重墙。砌筑空斗墙优点明显：可节省用砖、工时短、重量小但稳固性佳、热工性能好、私密性强等。因此，作为框架建筑的填充墙或低层民用建筑的承重墙依然被广泛运用。按照砌筑方法不同，空斗墙可以分有眠空斗墙和无眠空斗墙两种。有眠空斗墙，分为一眠一斗、一眠两斗和一眠三斗等，无眠空斗墙只砌斗砖而无眠砖，所以又称全斗墙。眠砖就是指平砌的青砖，那斗砖就是指侧砌青砖。空斗墙的隔热性能好主要有两方面的原因，一是因为其特殊的砌法在墙体内产生的空气间层，但是空气间层不是越大越好，在调研中，我们发现传统建筑的空斗墙间层中如果填充黄泥甚至是其他保温性能更好的材料，其保温性能更好；二是因为空斗墙的厚度，在苏州传统民居中，厅堂的外墙所砌的空斗墙墙厚可达300毫米，其热工性能比普通实心墙显然要好得多。

传统建筑中内墙常用木板墙作隔断。比如，苏州地区木材供应便利、来源广泛，作为建材的木材往往质地紧密，热阻大传热系数小，且易加工，但是对木材的过度使用会损害自然环境，反而不是现代绿色建筑的初衷。

3.屋面

传统坡屋顶的结构从里到外依次为基层、垫层、防水层、结合层和瓦面。在我国南方的古建筑屋面中，多用小青瓦，结合层有使用坐灰的，基层则多为望砖和望板。苏州古城区的传统建筑的屋面一般属于有檩体系屋顶结构，铺设方法多为冷摊小青瓦，即在檩条上钉固椽条，然后把挂瓦条钉在椽条上直接铺瓦。南方多雨，相比于对保温的要求，屋面的防水性能要求较高，因此会在椽上部位加铺盖瓦或者仰瓦。冷摊瓦屋面虽然构造简单、成本低，但是封闭性差，仅靠瓦之间的衔接导致雨雪天易发生滴漏，且保温性能一般。此外，苏州夏季炎热多雨，为了隔热会在草架上加覆水椽形成双层屋顶，覆水椽就是把椽的铺设像一碗水扣过来一样，从而让水可以沿着屋顶滴下来，然后在椽条或者椽木上铺设望板或是钉木望板，在其上铺一层油毡，通过坐灰固定小青瓦。而采用两层小青瓦构造的好处在于两层瓦之间形成了作为隔热层的空气间层，这个空气间层可以形成一个冷热空气的交换，进气口设在伸出的屋檐尽头，出气口设置在屋脊处位置最高处方便热空气流出，根据气体热压原理，太阳辐射到屋顶的一部分热量会通过空气流动而被带走，屋面内表温度会降低，这样由屋顶导入到室内的热量也会随之减少。

三、整体移位性改造

（一）建筑物移位技术

1.托换技术

托换技术是指既有建筑物进行移位或加固改造时，对整体结构或部分结构进行合理托换，改变上部荷载传力途径的工程技术。在建筑物整体移位工程中，托换技术是最为关键的技术。目前，在建筑结构的加固改造、建筑物整体移位、地下工程、隧道工程等工程领域中，托换技术被广泛地应用。托换工程所包括的内容较为广泛，相应的托换方法多种多样，一般可分为两大类，一类是基础托换，一类是上部结构托换。基础托换的主要方法有：基础扩大托换、桩基托换（包括石灰桩、静压预制桩、打入钢桩、锚杆静压桩、灌注桩等）、碱液加固法、基础加压托换和加强刚度托换法等；上部结构托换包括梁板托换、柱托换和墙体托换。

2.移位轨道布置技术

建筑物整体移位工程的移位轨道通常包括下轨道和上轨道，其具体形式与移动方式有关。工程中常用的移动方式主要有以下三种：滚轴滚动式、中间设滑动平移装置和中间设滚动轮。与滚轴直接接触的上托换梁及其下面的钢板称为上轨道。上轨道形式简单，基本采用钢筋混凝土梁加钢板的形式，又可称为上轨道梁，其底面一般是10～20mm厚的钢板，也可将钢板作为上轨道梁的底模并代替该梁内纵向钢筋；下轨道指移动界面下面的轨道，一般由下轨道基础和铺设的钢板或型钢组成，通常称为下轨道梁。当前工程中的下轨道梁大多采用钢筋混凝土条基形式，当结构形式不同、地基情况不同、平移过程中的荷载不同时，也有工程应用了其他形式。

3.地基处理技术

建筑整体移位工程中，当地基条件较差时，一般需要进行地基处理。地基处理包括新基础的地基处理以及平移过渡段（新旧基础之间）的地基处理。整体移位工程新基础下的地基处理主要有以下要求：地基应有足够的刚度，防止不均匀沉降的发生；施工振动要小，防止对原建筑产生较大影响；地基的可靠度可适当降低，因为多为临时性结构对可靠度要求较低。主要方法有：换填垫层法、夯实水泥土桩复合法以及石灰桩复合法等。

4.移动系统设计

移动系统由滚轴、钢板、加荷动力系统和反力支座组成。根据动力的施加方式主要有三种：推力系统、拉力系统以及前拉后推系统。移动的方式主要有滚动和滑动两种。滑动的优点是平移时比较平稳，轨道受力均匀；其缺点是摩阻力大且平移速度缓慢。滚动的优点是摩擦系数小，平移速度快，在平移中震动较大。其中，滚轴多采用实心钢辊或者钢管混凝土。工程中常采用的滚轴直径为：钢管混凝土和高强钢管滚轴，直径为60～150mm；实心钢滚轴直径为40～100mm。

5.上部结构分离技术

平移工程中常用的分离方法为人工切割和机械切割，砖墙体与基础分离通常采用人工切割和半机械切割，而混凝土柱与基础分离通常采用机械切割。分离过程中，上部结构逐渐失去与地基的嵌固约束，成为与基础分离的独立结构。所以，应采用振动较小的分离方法。

6.就位连接构造

建筑物整体移动就位后，除在竖向移位工程中采用掏土抽砂迫降法纠倾不需要考虑连接处理外，其余均应将移位后的建筑物与新基础进行就位连接。在整体移位工程中，整体托换完成以后，建筑物的上部结构就要与其原有基础切割分离。为了使移动到位后建筑物的上部结构与新基础能够协同受力，需要将上部结构与新基础进行可靠连接，以达到移位前的整体性能和抗震性能，对以墙体为主要承重构件的砖混结构，其就位连接的关键技术在于墙体与新基础之间的处理，一般采用浇筑素混凝土的方法。砖混结构中的构造柱连接则类似于框架柱，需要对钢筋进行焊接。对框架结构或框架剪力墙结构，主要的承重构件为框架柱或者剪力墙，可以采用植筋或者焊接锚筋等方式将框架柱或剪力墙与新基础相连。目前工程中的就位连接方式有扩大基础法和隔震支座法。

（二）古建筑整体移位的要点

第一，整体托换体系应确保上部结构的安全，托换结构体系宜采用刚度较大的混凝土结构，托换方案应避免建筑物在托换和整体移动时变形过大。

第二，整体托换后的结构传力应明确，在进行基础和整体托换受力构件设计前，应对古建筑物原结构的内力状况，特别是古建筑的墙、柱的原内力值进行全面的计算分析，然后根据每道墙、每个柱子的内力值，合理地设计地基基础和相应的整体托换结构受力构件。

第三，上轨道梁的计算模型应力求其受力明确、计算简单。计算模型的确定直接关系到上轨道梁的安全性、经济性与合理性。古建筑整体托换完成后，滚轴宜沿上轨道梁通长布置，这样上轨道梁的计算模型可以按放置在下轨道梁上的弹性地基梁的各项数值进行计算分析。

第四，合理考虑摩擦力的影响。考虑顶推力或平移过程中的摩擦力对上轨道梁受力的不利影响，托换设计时根据各轴线分配内力的大小不同，主要对上轨道梁进行抗弯和抗剪强度计算。

第五，就位基础应与上部整体托换体系相对应，保证建筑物在新基础上的整体安全性。

第二节　古建筑的改造规划实施

一、古建筑保护性改造规划的实施

（一）古建筑保护性改造规划的原则

1.整体性原则

保护街区的整体风貌是在古街区保护时应该加以强调的，其重点是保护构成街区景观中各种承载着历史信息的遗产和反映景观特色的因素。其中包括道路骨架、空间骨架、自然环境特征、建筑群特征；建筑房屋、道路、桥梁、围墙、挡土墙、庭院、排水沟及古树名木在内的绿化体系等，都应该仔细研究鉴别并予以保护，从而使历史景观风貌得以延续。同时，还需要将街区的历史文化内涵保护起来，包括社会结构、居民生活方式、民风民俗、传统商业和手工业等。传统古建筑可以作为旅游、商业、居住用房等，最好的利用方式是发挥其原有的居住功能，而事实上大多数的传统民居建筑也正是以居住生活的载体形态而得以保存至今的。为了让居民能更好地在其中生活，对古建筑进行修缮，不仅使建筑本身"具有生命力"，更是对传统居住文化和居民本身利益的最好保护。

2.可识别性原则

每一座历史悠久的文明古城都有自身的特点，这些特点与其存留下来的古建筑息息相关，比如，作为六朝古都的南京，其所存留下来的古建筑更多的是一些气势恢宏的宫殿楼宇等；又如景德镇，其以瓷器闻名于世，因此有着许多与陶瓷产业相关的独特建筑形态。因此，我们在对这些古建筑进行恢复的同时应重点对古建筑中独具特色的部位进行修复改造，重塑城市的特殊历史，到对建筑群的历史发展进行深入具体的分析，为建筑的保护确定具体的思路。比如，景德镇作为一个拥有高度发达制瓷业的城市，拥有历史悠久的制瓷文化以及丰富的制瓷遗址，这就是历史文化名城的衡量标尺与艺术价值所在。在街区与街巷中，处处可见斑斑驳驳的陶瓷文化遗物，使物质形态和历史文脉都得到了传承和发展。

3.分级保护原则

根据价值评价标准的不同，古街区可以划分为多种级别，不同级别街区的保护更新程度有所不同。级别较高的街区实行从区段环境到历史文化景观和社会生活整体保护的原则，以保护为主、更新为辅。级别中等的街区应重点保护原有的特色空间结构、景观和社会生活等主要特征，保护与更新相结合。一般级别的街区则主要保护有价值与特色的空间结构、建筑、城市构件和社会生活等，在保护的前提下，加大更新力度。同一街区景观与遗产保护也要分级进行。在空间景观方面，道路、广场、内院、天井等公共与半公共空间两侧及视线可及范围的历史文化遗产与景观，和视线不可及的价值与建设质量较高的重要遗产，都属于重点保护对象。至于道路街坊的后部和中间部位的空间与建筑等，往往质量与价值较低，可以作为一般保护对象，适当加大整治开发力度。另外可以对街区建筑、道路、庭院等要素进行分级保护，以便准确把握街区特色，更好地确定保护对象与措施，掌握历史街区开发更新的"度"。历史街区中不同级别建筑的保护也略有不同。街区中除价值较高的历史建筑需要严格遵循历史建筑维修原则外，对大量性的建筑可以根据保存现状来决定。对保存着街区历史风貌特征的建筑要按原样维修、整饬，对其中经过后人不恰当改动、构件已遭损害的部分可以恢复其历史原貌或原来的风格，对街区建筑的室内部分无价值的历史信息，可以更新为满足居民生活的需要。

4.修复性原则

古街内的建筑在存续上百年的过程中，一般都经过住户的多次维修、改造。早年的改造、续建也具有一定的历史价值。我们对传统民居建筑进行保护时应保存民居的现状，这不是指保存现存的残破状况，而是指在维持原有形态的前提下，再附以各种维护结构所形成的"共同存在"的健康面貌。它可以是老的，但并非残破而不能继续其使用功能的。它包括了各个时期在这座传统宅院中留下的痕迹，是任何文字不能代替的原始资料。在古建筑的保护工作中，保存现状式的修缮所要达到的效果除了加固以延长其寿命并更好地为生活服务以外，还应要求它有明显的时代特征，使人们对它的"高龄"有一个比较准确的感觉，这种感觉的来源，除了从结构特征分析取得以外，其色彩、光泽更是不可忽视的，对供人们参观的传统民居来讲，后者更为重要。即如梁思成先生所说："是使它延年益寿，不是返老还童"。为达到这种维修效果的措施被称作"整旧如旧"，但前提是"整旧"，这仅适用于现存传统宅院的维修，而非使仿古的新建筑"如旧"。

（二）古建筑保护性改造的方法

1.调整功能配置

在对古建筑的整体进行功能布局的同时，对古民居进行合理的适应性功能改造，将每处庭院都建造成有吸引力的场所，那么街区整体的活力自然会有所提升。在功能方面可以充分将居住、商住、旅游品专卖、传统手工艺作坊、旅馆等列入考虑范畴，不但能为古街区留下常住居民，体现当地"活化石"般的传统生活韵味，还能吸引外来游客驻足观赏。比如，在乌镇就有制酒、染布等传统的小型手工作坊。在对古建筑保护进行规划的同时，可将当地的历史文化作为背景，营建传统的历史文化工作室。比如，景德镇就可以营建陶瓷工艺工作室，无论是制作陶瓷工艺的环境、器皿，还是其过程都是非常好的展示品，与此同时又可出售制成品，对经济和文化都起到了良好的促进作用。文化遗产是有机进化的，根据古街区的需要进行有序的功能置换，以促进街区自身"造血机能"的进一步完善，解决其物质老化、功能衰退等问题。包括将居住功能向旅游功能转变、单一化功能的街区转化为多样化功能街区、复合型城市旅游商业文化街区的目标围绕旅游、观光、休闲等文化主题功能的植入并且合理地迁出部分原住居民等。

2.符号移植

让一些小作坊、画坊、画廊、陶瓷商行、小博物馆、名人画室等回到古街区中是完全可以办到的。在古街区的改造工作中，最大的难点之一是如何重获古街区的生命力和活力。在国内现有的大部分古街区保护中，一般做法都是采用大规模商业引入以发展旅游。这种做法短期内能让街区繁荣起来，并取得一定效益。但长期来说，往往会使特色消失，使各地的街区同质化。在古街区发展商业的同时，要注重一定量的特色产业及相关产业的恢复与植入，形成街区文化特色。在功能重构的过程中又要尽力保持街区的多样化功能，这是古街区重获生命力的根本。在旅游产业的开发过程中，要着重文化旅游产品特色的开发和街区内旅游条件的改善。一方面是强化观光游、购物游到文化体闲游、体验游的旅游软件建设；另一方面是通过街区空间的改善、设施的配套完善、交通流线的组织等方面完成硬件的建设。

3.恢复立面结构

在我国历史名城老城区的古街巷里历史风貌依然保存完好的建筑非常少，从街景中便看得出来。我国大多数保存良好的古街区虽然自古至今从未迁移过市中心的繁华地段，但也从来没有停止过改造、建设。因此，有较好历史风貌的建筑在街区、街巷内大多呈点状分布，出现几栋连成一小片的古建筑，是十分稀有的。因此，老城区内古街中很大部分的建筑面临着"改头换面"，而待整治的建筑的数量又是如此庞大，也让它们成为古街的主流印象。沿用现代的外立面结构，对有墙面的地方统一做白粉墙或者贴青砖、门窗洞口的地方一致装上格栅木门窗、店招牌也是一个样板。这是目前许多城市塑造古街的一种现实手法，从设计到施工的材料都比较容易实现，但对比人们印象之中的古建筑自然而然也是相形见绌。

首先，外立面结构通常是建筑由内部设计的一种外在表现，木结构和砖木结构的古建筑与钢筋混凝土结构的现代建筑，在外立面上是一个很大的区别。古建筑外立面的柱、梁、墙、门、窗层次结构清晰可见，但对现代建筑外立面而言，一般只有墙面与门窗。所以，建筑的立面的改造不只是换墙面、门窗，同时也要换结构，使整个立面可以展现出古建筑轻巧的木结构特点；其次，过去这些古建筑多由居民自己建造，而不是由政府或房地产商统一建造的，每个家庭情况不同，所建造出的房屋就必定存在差异，古街的街景就存在于这些微小的差异中。

4.适度整治更新

将传统生活和现代化生活进行比较，可以发现两者之间的根本差异，从而对古建筑进行针对性地改造设计。在整治改造中，首先应做的就是有效地对生活基础设施进行改造，在民居住宅中引入现代化的卫生间和厨房，在保持建筑传统外观的同时，对建筑内部做出相应适当的改造，为居民提供一个较为舒适的生活场所，真正改善老民居群的居住条件。对老城区古街巷及场所节点处进行调研和测绘分析，统计室外公共空间的构成要素（包括路面材料、桌椅小品、绿化配置等），并量化地确定古街巷的比例，控制建筑高度和间距，使其中的街巷和局部广场的整治有据而行，以保持传统街巷的独特魅力。

由于年代久远，大多数古街区出现了自然衰退老化现象，应该在保护的前提下对古街区进行相应的整治，以便更好地满足居民生活。第一，应该对景观进行整治和修复。对一些违章建筑进行拆除清理，改善与街区风貌相冲突的建筑，并适当恢复部分损坏的立面。老化破损的围墙、铺路、踏步等进行适当翻新；第二，基础设施的整治和规划。规划配置街区给排水、供热、供气等设施，改善室内与室外的环境卫生、给排水、通风、电力等设施。应该指出的是，古街区的整治应该小规模、分阶段实施，不仅有利于做好良好的规划和细致的调查，及时解决存在的问题，而且便于筹集资金，有充分的时间精工细作，保存更多的历史信息。

二、古建筑节能性改造规划的实施

（一）万宅节能性改造的实施

万宅，坐落于苏州古城区王洗马巷7号，这里的"洗马"是东汉时期隶属于东宫太子的侍从官官名，负责掌管图书典籍，相传该巷旧时有王姓洗马官居住，所以得名。王洗马巷长368米，巷内除了有万宅之外，还有祭祀楚国春申君黄歇的春申君庙和苏州市控保建筑汪鸣銮故居等。万宅最初由清光绪年间山东河道总督任道铭所建，是一处典型的苏州园林宅第。任道熔（1823—1906）字筱沅，另字砺甫，号寄鸥，生于江苏宜兴。民国初年宅院被卖给万氏富商，故改称万宅，中华人民共和国成立后复改为任道熔旧居，2009年录入苏州市文物保护建筑。万宅原有三路四进，因为建筑精细庭院布局巧妙，屡屡作为苏州古民居的经典入选陈从周等学者的著作和《苏州市志》。其中第三进的花篮厅因为木梁柱雕刻精美、书斋庭院景观疏密有致、造园技巧高超为世人所知。

万宅在修复过程中也运用了一些绿色技术，比如为了使院中水系能够循环不腐不臭，挖了三口深达十米的水井与水池相通并保持水温。此外，万宅还采用了地源热泵技术。

（二）柴园的节能改造

柴园位于苏州市醋库巷44号，始建于清末，是一座典型的汉人知识分子的古典园林，该宅院最初为道光年间的潘增琦所有。其后来自浙江上虞的柴安圃在光绪年间买得该园，并重新整饬扩建，从此人称"柴园"。柴园东西侧重不同，东面以建筑为主，门厅轿厅传统布局之下，前有豪华敞亮的鸳鸯厅，往后是气势浑厚不失典雅的楠木厅。在建筑群落的主体往西，置有四区庭园，其中以中园最为匠心独具，近代劳动人民的创造力和汉族知识分子的审美趣味在曲折的池岸、昂然的船厅、精巧的石山、自具的丘壑中体现得淋漓尽致。抗战爆发后，柴园逐渐散落分隔成民居。20世纪50年代，柴园曾作为南区人民政府驻地，1957年改建为苏州市盲聋哑学校。

柴园的节能性改造主要包括围护结构的节能改造以及新能源的使用方面。

1.围护结构的节能改造

第一，外墙改造。外墙改造一般使用墙体节能技术来使得外墙具有一定的节能效果。通过将由低导热系数材料构成的隔热保温层添加到墙体构造中的方法来减少由室内经过墙体散失到室外的热量是主要的墙体节能原理。墙体外保温、墙体内保温、夹心墙保温、墙体自保温是现在主流的墙体保温技术，其中，墙体自保温技术多用于新建筑外墙保温，而像柴园这样的江南传统建筑所广泛采用的空斗墙，无论是有眠空斗墙还是无眠空斗墙，在一定程度上可以看作一种采用夹空气间层的夹心保温墙体，由于其独特的堆砌方式使得眠砖都会成为热桥，所以导热系数依然较高。

柴园的墙体改造先铲除了粉刷层，秉持建筑材料物尽其用的原则，尽量保留了无危险的墙体并对有危险的墙体进行了加固。修补开裂破损处时，尽量使用原砖进行加固，新砖则使用八五青砖，着重清除原墙面空鼓开裂的砂浆面层。柴园庭院北侧的楼厅和南侧的鸳鸯厅以及靠近中部的楠木厅还有舫楼，出于保护主体历史建筑原貌的考虑以及工程量等经济因素，采用了抹灰型外保温墙体，即在墙体外侧涂抹适当厚度的保温砂浆，其造价低廉且施工简单，且抗裂性能好。柴园西侧的办公楼和东侧汉语推广中心使用粘贴型外保温墙体，前期先平整墙面，并涂刷一遍界面剂，再涂上20mm（毫米）厚水泥砂浆找平层，保温材料选用40mm（毫米）厚的防水型岩棉保温板并在其两面各涂上一遍界面剂进行预处理，再涂3mm（毫米）厚的专用胶粘剂，沿水平方向粘贴，粘牢并压紧，要注意将板与板之间的错缝咬接并挤紧缝隙，然后用一层耐碱玻璃纤维网格布平整无褶皱粘贴于岩棉板上，随后用聚合物水泥砂浆涂抹在网格布表面直至二者表面能够融为一体，最后用白色涂料漆刷表面。

第二，屋顶改造。虽然中式传统建筑的屋顶构成了独特的东方审美趣味，形成了所谓的建筑第五立面，但是也增加了接受太阳辐射的表面积，而建筑围护结构中受太阳辐射量最多部分的正是屋顶，传统屋顶室内结构裸露，热传递阻碍少，使得夏天时室温上升过快，冬季室内温度偏低，导致舒适度差，而开启空调设备时耗能又高。

对传统坡屋顶进行节能改造的难题是中国传统屋顶一向以轻盈飘逸为特色，屋面改造时铺设的保温材料太厚容易破坏建筑原有的美感，且结构增重较大。一般来说是将保温层布置在檩条和瓦材之间，保温材料应该选择质地松散的轻质保温材料，或者增设保温吊顶。柴园现有坡屋顶主要是上铺小青瓦的木结构屋面和砼屋面，木结构屋面在修复屋面时主要是回收老旧小青瓦，清除原有坐灰改为铺设20至30mm（毫米）厚的高耐候性水泥砂浆坐瓦并加铺高分子材料的防水卷材，替换破损的望砖或望瓦提高密闭性；砼屋面主要是在小青瓦屋面下铺30mm（毫米）1∶2水泥砂浆结合层，其下铺1.5mm（毫米）厚高弹性防水复合材料，再往下铺40mm（毫米）厚C20细石砼，最下层铺70mm（毫米）厚泡沫玻璃保温板。

第三，门窗改造。建筑使用能耗中，占相当大比例的是通过门窗散失的热能，因为建筑上的门窗是其进行热交换的主要部位，仅就热损失而言，门窗六倍于墙体。那么，古建筑门窗改造的难点在于，中国传统建筑中大多数为梁柱结构，墙体不承重，再加上古人对于敞亮的高楼大宇的追求，因此门窗洞的面积很大，且还要保证原来的历史风貌。此外门窗的处理在墙面开洞处如窗台部位容易形成冷热桥，需要格外细致处理。柴园在楼厅、鸳鸯厅、楠木厅等建筑的门窗改造中，考虑到门窗数量众多，包括木质屏门和落地长窗，因此主要采用的措施是增加窗户的气密性，包括修复外窗木质窗板，平整表面并刷双层油漆，且在所有外窗上安装了普通的双层透明玻璃，其中间距为30毫米，用密封胶固定玻璃增加气密性，夹层内做窗花窗格提高美观度。这些传统木质推拉窗边缘还安装密封条。整个外窗气密性不低于建筑外窗空气渗透性能的IV级水平（GB/T 7106–2008）。

第四，楼面地面改造。柴园的楼面地面在改造中也运用了一定的节能技术。地面处理主要是防潮和保温，楼面处理则主要是在木结构楼面的基础上做保温处理。

2.新能源的使用

柴园在修复改造中还注重使用新能源和节能灯具等，来降低能耗。柴园使用了地源热泵和中央空调，地缘热泵井口设置在中央庭院舫楼旁，中央空调内机则做了传统样式的木低柜遮盖，使用墙上的控制器调控温度。

三、古建筑整体移位性改造规划的实施

（一）古建筑整体托换技术

1.建筑托换技术的特点

第一，整体移位工程托换结构应形成刚度较大的托换折架或底盘。整体移位工程托换结构的主要作用是将上部结构的整体性和刚度增强，以保证移位时的结构安全。在水平移位工程中，平移前通过托换结构将上部结构的荷载从原基础转移到移位轨道上，平移过程中承担水平同步移动荷载，就位后再通过托换结构将上部结构的荷载从移位轨道转换到新基础上。竖向移位工程中，托换结构承受上部结构的竖向荷载和竖向顶升荷载；就位后，将上部荷载转换到加固补强后的基础或地基上。托换结构为抵抗各种荷载产生的内力和变形，实现安全的整体托换，应具有足够的刚度和承载能力。

第二，水平移位工程和竖向移位工程的托换位置和托换形式不同。水平移位工程中，托换多采用上部结构托换，托换位置一般设在基础上皮和室内地坪之间。竖向移位工程中，顶升纠倾工程中的托换结构一般包括两个部分：一是顶升上部结构的托换结构和基础，二是地基加固的托换结构。采用其他方法的纠倾工程均采用基础托换技术。

第三，移位工程托换结构，既包括永久性托换，也包括临时性托换。移位后结构连接直接将上部结构的墙、柱与新基础连接，托换结构不再受力，为临时性托换。如顶升工程中，就位连接后临时支撑的千斤顶和包柱的托换梁就不再承担上部结构荷载。在绝大多数整体移位工程中，托换结构往往作为就位连接结构的一部分，继续承受荷载，为永久性托换，这样有助于增加就位后建筑物的整体性。对基础加固托换，通常为永久性托换。

第四，移位工程托换结构多为综合性托换。平移工程中的柱、墙和基础托换有多种方法，同一工程中根据不同实际情况可组合使用。根据不同就位连接方法，托换结构可以是临时托换，也可以是永久托换。纠倾工程中往往是补救性托换、预防性托换和维持性托换综合使用。

2.古建筑整体托换技术基础步骤

古建筑物基础整体托换技术主要是针对古建筑平移顶升工程开发出的新技术。由于古建筑整体性差，上部承重结构设计简单且经历长时间的风雨侵蚀，采用现代常用的托换方法难以保证其主体结构的安全。如经现场调查和勘测，发现三座古建筑的基础分别为：文昌阁基础为杂填石；大雄宝殿基础为夯填土；教堂基础为杂填石。由此可见，三座建筑物基础整体性差，不能满足整体平移的要求，故必须对古建筑原基础进行托换，以确保寺内古建筑在整体平移中不发生破坏现象。由于基础整体性差，采用现代建筑常用的方法难以保证其主体结构的安全。经论证和分析，该三座古建筑基础适宜采用人工盾构法进行基础整体托换成整体大底盘混凝土基础。结合顶管技术，将人工盾构法应用于古建筑基础托换，即边挖土，边顶推箱梁，对原基础不造成削弱，且在顶进过程中对建筑物基础下方土的扰动性降到了最低，该方法在我们完成的国内多个古建筑整体移位顶升项目中得到了应用，应用效果良好。具体施工做法是：按照设计尺寸预制混凝土空心箱梁，将箱梁按一定顺序顶推到原基础下（事先做好顶推背后，提供均匀反力），工人可在箱梁内进行挖土操作，边挖土，边推进；顶推箱梁前开挖土方应分段进行，开挖尺寸满足顶推作业面即可，避免大范围开挖造成安全隐患；顶推过程中进行实时监测，发现偏差及时纠正，托换步骤如下：预制箱梁→建筑基础四周开挖（预留放坡）→浇筑混凝土护壁和顶推后背→箱梁就位→边顶推边挖土→箱梁内布置钢筋→箱梁内浇筑混凝土→浇筑混凝土边梁。

（二）古建筑群组轨道移位

1.移位轨道的组成

建（构）筑物整体移位工程的移位轨道通常包括下轨道和上轨道，具体形式与移动方式有关。一般有三种，即滚动滚轴移位、中间设滑动平移装置、中间设滚动轮，如图2-1所示。其中第一种滚动方式较常用，第二种滑动方式和第三种滚动方式适用于房屋层数较少、竖向荷载较小情况下的整体平移。

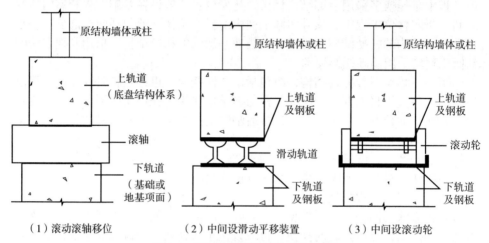

（1）滚动滚轴移位　　　（2）中间设滑动平移装置　　　（3）中间设滚动轮

图2-1　移动装置和行走轨道示意图

与滚轴（滚轮或滑动面）直接接触的上托架梁及其下面的钢板组成上轨道，又称上轨道梁。上轨道大多采用钢筋混凝土梁加钢板的形式。

移动界面下面的轨道被称为移位工程的下轨道，该部分轨道由基础梁上铺设的钢板（或型钢）和下轨道基础组成，通常将轨道基础梁称为下轨道梁。

上、下轨道钢板或型钢的作用一是分散下轨道梁受力以及避免上、下轨道梁局部受压破坏，二是保证轨道接触面的平整，减小移动和滚动摩擦力。轨道基础的主要作用是避免出现因较大沉降和不均匀沉降差而造成上部结构的损坏，同时还将建筑物移动过程中的上部荷载传递给地基。

下轨道是移位工程中的关键设施之一，通常所说的轨道指下轨道。

2.下轨道的类型

下轨道梁上铺设的钢板或型钢一般有三种类型，分别为钢板、槽钢和预制组合钢轨，其中预制组合钢轨由槽钢和钢板焊接后，内部填充细石混凝土组成。

下轨道基础根据材料不同分为钢筋混凝土条形轨道基础、砖石砌体轨道基础、型钢轨道基础和组合结构轨道基础，最为常用的是第一种。钢筋混凝土轨道基础的形式多种多样，设计时根据平移工程具体情况综合考虑施工条件和经济性选定。当移动距离较长时，新旧基础位置之间多采用单肋梁和双肋梁条形基础形式，如图2-2所示；当轨道基础下存在间隔的支承时，如原结构基础为条形基础或独立柱基，而移动方向和原条形基础垂直，在原基础范围内原基础为轨道梁的间隔支承，此时可采用矩形截面跨越梁式轨道梁形式如图2-3所示；当原基础为条形基础，移动方向和条形基础方向相同时，可利用原条形基础进行改造，轨道基础形式，如图2-4所示，其实质为特殊的双肋梁条形基础。当建筑物层数不多、体量较小，且地质条件良好时，也可选用砌体轨道基础，上铺钢板。

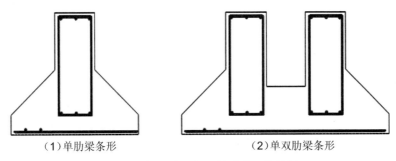

（1）单肋梁条形　　　　　　　　　（2）单双肋梁条形

图2-2　单双肋梁条形基础式下轨道梁

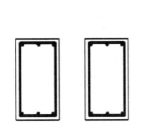

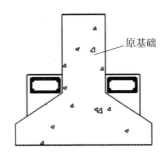

图2-3　双跨越梁式下轨道梁　　　　　图2-4　和原基础组合式下轨道梁

3.古建筑群体轨道移位实施的原则

第一，安全性原则。移位轨道选择应从安全可靠的角度进行判断，在进行移位轨道设计时，首先地基的承载力要满足要求，不满足时要进行地基处理，同时还要进行轨道梁抗弯、抗剪承载力和基础梁沉降计算，以保证各项指标满足要求。

第二，经济性原则。移位技术的最大优点是节省投资，移位轨道在移位工程造价中占有相当高的比例，合理选择轨道方案对工程造价影响显著。

第三，施工简便快速原则。施工要简便，尽量选择易于就地取材的材料。由于轨道为临时结构，当需要拆除时应方便拆除。轨道施工工期对总工期影响较大，缩短工期有利于减少建筑物停止使用的损失。

第三节　古建筑的修复技术与方法

一、古建筑修复的基本工具

（一）古建筑修复的基本工具

1.凿铲

对有裂痕的时候可以用到，一些比较小的裂痕，一般控制在0.5cm（厘米）以内，还有一些更小的，用特殊的物料把缝堵得不透风了就行了，但如果裂缝体积比较大，超过了0.5cm（厘米），小于3cm（厘米），就要用木条来堵，如果不巧，遇到的是不规则的裂痕，就要用凿铲把这个裂痕处理成规则的，再来进行操作。如果裂缝体积大于3cm（厘米），木条粘上去以后，还要把裂痕的长度用铁箍加厚。

如图2-5所示，凿铲从上到下依次是凿箍、凿柄、凿裤、刀部，规格也从1分到6分不等，根据具体的裂缝大小来选择相应的尺寸和规格。随着人们物质水平的提高，工业技术的增长，材料门类的变多，人们对美的追求也日渐增强，很多商家为了增强品质的竞争力，除了在凿铲的实用方面力求完美以外，外形上也有所改进，改进后的凿铲既增加了美感，在使用时也因为凿柄材质的改进，减小了人们在使用时用力过猛或者长时间使用磨损的伤害。同时为了提高效率和节约人工，也发明了电动式凿铲，为修复古建筑从业者减轻了负担，提高了修复效率。

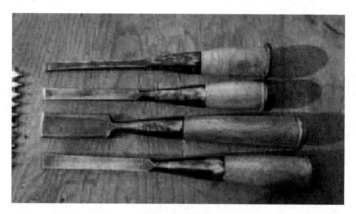

图2-5　凿铲

2.凿

凿的发展，在新石器时代使用的是石骨器材质的，到了春秋战国时期使用的就是金属材质的了；比如梁形就经历了四边形→六边形→八边形→圆形→椭圆形的演变，这个变化很快，在战国时期就完成了这样的转变，后期也有一些变化，但是变化都比较小，刃面变成了单面刃，面窄柄宽，断面是梯形，凿是圆形梁。以木作板凿为例，它就是单面刃，断面是梯形，细长状，凿长约28cm（厘米），刃口宽约2.6cm（厘米），凿柄顶端约宽3.9cm（厘米），手柄长约13.5cm（厘米），单面刃的好处就在于入木的位置能够准确无误且平整，如果用双面刃，入木容易跑偏，打眼的位置就会有偏差。刃体呈梯形，这样的好处在于嵌入木料时很方便，另一方面，凿口在完成以后，退凿很方便，不会被夹。使用圆形梁和圆形木柄配合在一起，调节有弹性，因为木质质地较软，所以力在传递的过程中，有一个很好的缓冲作用，使斧头不至于跑偏，操作更加平稳精确，如果说没有木柄，只是金属与金属之间的碰撞，力也会传递，但是这样的接触就比较生硬，过于光滑，没有弹性，力气用得过猛时，还可能移开，这样就达不到预期的效果，这也就是为什么锤类的工具与其他工具的接触面都会用类似于橡胶质地样柔软且牢固的材料，可见古代劳动人民，很早就发现了金属和木料的材质属性的差别，并在制作时也注意到了这一点。

3.钻

对需要修复去掉的地方，先用钻把这些地方除掉，再根据原来墙面的规格重新制作，打磨以后再把该做的型依样做好，再填补上相应的灰。钻一般是和锥一起使用的，钻在最开始时，是没有手柄的，后期为了便于使用才加上木质手柄，我们称之为钻杆。钻的发展历程是搓钻→驼钻→牵拉钻。不同的钻，前面的钻头是有区别的，不同的情况要采用不同的钻，比方说，装订书刊时用圆钻，叫圆钻是因为它钻头的截面是圆形的；给皮革打孔时，用的是扁钻，叫扁钻是因为它钻头的截面是扁形的；给铜片打眼时，用的是鸡心钻，它的钻身称为旋钻，呈三棱形；在修复古建筑时，给木材打眼时用的是蛇形钻。钻头长约0.75cm（厘米），一面是圆弧形，两面留有空位，旁边有棱角，并且是两个，以便于钻头在打眼的时候，容易进入，钻身呈方形，末端又比较尖锐的，称之为打钻。

木匠经常使用的是牵引钻，这些工具基本上是他们自己制作的，怎么用得顺手怎么来，甚至很多老的木工师傅考核徒弟能否出师的标准就是其是否能制作出一套适合自己使用的木制工具，如果不合格就要继续学习。传统的牵引钻用料主要是竹木、铁、皮革等，钻杆和套筒部分一般都是硬木。硬木的木质比较厚，纹理细密颜色也比较深，如果长时间使用还能够散发出一定的光泽，拉杆的材料可以是竹制也可以是木制，在拉杆的两端分别打两个孔，用来穿皮素，钻头用熟铁锻制而成，俗称蛇头钻：一面圆弧形，一面使其凹陷，旁边两个棱，纹理细密，材质光滑，板材比普通皮革厚一些，这种造型主要是为了打孔时方便钻头通过旋转进入木料，凹进去的面既方便钻孔快速进去，也可使钻出来的木料方便快捷地退出。棱头有两个角，它们之间的长度就是钻孔的直径，棱角这样的造型目的在于加大木料之间的摩擦力，提高工作的效率。钻头是钻的主要构件，所以木匠会设计一些方便替换的钻头，一来它经常使用，磨损的程度很高，要经常更换；二来也可以根据实际孔的大小情况来更换符合空位直径的钻头。

4.小铲

屋顶需要修复时，要先把上面的杂草去除干净，不能光去除表面的，要一次性断根，拔掉根以后，用小铲把周围适合草生长的因素全部除掉，也防止给草增加滋养的环境。在拔草的时候要注意，如果遇到瓦片有松动或者破裂的要及时修补。小铲经常出现在我们的周围，最常见的是用于种植花花草草，它的特点是接触面积小而尖，且材质不易生锈。

（二）古建筑修复的工具的特点

1.修复工具的劳动负重感问题

工具在设计、制作、选材的时候，都需要考虑工具本身的负重，还有人的负重能力以及两者之间的关系。人的负重感和工具本身的负重两者之间的比值是人性化设计的基本内容之一，也是选择工具是不是适合使用的必要标准。只有两者之间的标准达到最优值，才能舒适有效地使用工具。

2.修复工具的接触面舒适度

在使用工具时，劳动负重感固然是一个要考量的问题，但是在用工具使力的过程中，接触面的材质和舒适度，也会影响到人使用工具的手感和舒适度。接触面的设计，手感才是最主要的，在这一方面，选材上要注意，工匠们在使用工具的时候，大多是用肢体比如手、脚先接触到工具，手和脚这些都是肉体，都是有中枢神经的，通过表层肉感传输到中枢神经后，可以让人感受到痛苦、舒适或者不舒适之类的感觉，所以在选择接触面的材质的时候要选择亲肤的、柔软的、有缓冲，有弹力的材质。

3.修复工具的尺寸长短力度

工具的尺度长短力度是指人在握持的时候，是不是顺手、省心、省力，与修复工具的长度、宽度、高度及其之间的比例问题又有着密不可分的关系，运用物理学上的杠杆原理，距离越长，使用的力度越小。特别是手感也是人把持工具的一个很重要的部分，尤其是在工具的使用上，因为是人在使用，人都是有感受的，所以这一点要单独列出来，在这里也要强调它的重要性。这时候选择一个合理的尺度就显得尤为重要了，所以设计师在设计的过程中也要根据实际情况设定好尺寸情境、工具、尺寸和比例，使之符合人机工程学的原理，并且又要满足好看、好用、好拿、好使的原则，这对工业设计师来说确实是一个挑战。

4.修复工具的视觉辨识度

这里所说的工具的视觉辨识度并不是指工具的外观造型到底美不美观，界面到底好不好看，而是工具界面的视觉辨识度到底高不高。就是它的操作界面上的标语清不清楚、简不简单，是不是让人一看就懂。比如功能区的分布、操作区的分布、ON（开）和OFF（关）在哪里、怎么携带、怎么保存，还要懂得运用色彩的原理、肌理的特性把各个部分分割开来，这样人们在操作的时候就可以很快速地找到重点功能区，易于识别，节省时间，快速上手，降低难度，增强人们对工具的好感度，提升劳动的积极性。

二、古建筑木构件的修复技术与方法

（一）古建筑木构件对修复材料的要求

1.光学特性要求

第一，无色。这一点是要求古建筑木构件修复保护中的防腐加固材料不但本身必须是无色的，而且这些防腐加固材料在古建筑木构件修复保护的过程中要保持无色。有些材料在保护过程中和周围的环境发生物理或化学的反应，而修复后放置一段时间后，古建筑木构件修复保护中的防腐加固材料会显现出某种颜色，这样的古建筑木构件修复保护中的防腐加固材料也不满足无色的要求，因为涂在文物上的古建筑木构件修复保护中的防腐加固材料的颜色会和古建筑木构件自身木材材质或其上彩绘层的颜色产生叠加效果。这样文物本来所反映出的信息就会被人为地掩埋，这就违背了保持文物原貌的原则。

第二，透明。透明是指修复保护中的防腐加固材料在文物表面形成的膜层或覆盖层应能使外界光线穿过到达文物表面，并且被物体表面反射的光线能够从涂层中透射出去。这一点对古建筑木构件修复加固材料尤为重要，尤其是表面有彩绘层的古建筑木构件。

第三，表面光洁度。防腐加固材料在古建筑木构件表面形成的涂层不应该产生光亮耀眼的表面，这样会影响人们对文物的观察。可对高分子材料施加到文物上的光泽度进行测量，间接判断其是否产生了眩光。

2.文物相容性要求

总体说来，文物相容性主要要求古建筑木构件修复保护中的防腐加固材料和木构件木材材质本体材料的物理化学性能接近。但是，不同材料的材质物理化学特性是不同的，不可能找到性能完全一样的修复材料，实际中只要找到相近的材料即可，比如热胀系数相近，产生的应力会很小，对文物不会造成破坏。一方面，高分子文物保护材料施加到文物表面对其起到保护作用，但是由于防腐加固材料和木构件木材材质本体材料物理化学性能存在差异，当外界环境条件改变时，导致保护材料与文物本体材料之间产生应力；另一方面，用于古建筑木构件修复保护中的防腐加固材料在自然老化过程中，自身的颜色会泛黄、产生斑块，以及粉化、失效、粘接力降低，对文物造成不同程度的影响，甚至可能释放有害成分对文物产生进一步的化学侵蚀。

3.物理特性要求

第一，尺寸稳定性。众所周知，木材的干缩湿胀是它的主要缺点，这是由于木材的细胞壁中吸着水的增减而引起的变化；且木材的高度各向异性又使木材在干缩湿胀的过程中各向尺寸变化不一，导致其卷翘、起皮、变形甚至开裂。因此，用于古建筑木构件防腐加固处理的修复材料，在能够有效地保持木材原有优良性能的基础上，还必须增强木材的尺寸稳定性。

第二，透气性。古建筑木构件的透气性主要受用于古建筑木构件防腐加固处理的修复材料在木构件表面成膜的膜层材料性质的变化影响。木构件防腐加固处理的修复材料所成薄膜的透气性主要是针对水蒸气的，如果高分子薄膜对水蒸气的透气性不好，就会在文物层和材料膜层之间聚集水分，这样对水蒸气敏感的文物基材（如木材、纺织品等）就会收缩和水解，从而对文物产生破坏。

第三，增重性。木材的强度和刚性随密度增大而增高，这是因为单位体积内所包含的木材细胞壁物质的数量是决定木材强度与刚性的物质基础。古建筑木构件的增重性主要是要求用于古建筑木构件防腐加固处理的修复材料，在能够有效地保持木材原有优良性能的基础上，还必须增强木材的重量，随着单位重量的增加，木材的密度也随之增加，从侧面上也反映出木材的强度和刚性的增强。

4.保护性能的要求

第一，耐候性。耐候性是指古建筑木构件防腐加固处理的修复材料抵抗自然环境气候因子以及周围小环境或者微环境中灰尘、酸性物质以及污染物的侵蚀的能力。

第二，可持续修复性。可持续修复性是古建筑木构件防腐加固处理修复材料的又一个极其重要的特殊要求。所谓的可持续修复性，顾名思义就是指防腐加固材料施加到古建筑木构件上之后，经过一段时间，仍能够采取某种方式方法将其从文物上完全或者绝大多数去除。这些材料能够有效地保持木材原有的优良性能，还能增强木构件的物理性能，更重要的是木构件表面和本体仍保持很好的渗透性和透气性，仍可以继续多次反复地处理。

（二）古建筑木构件加固试剂的选择

第一，无色透明，无色是木构件修复保护中对防腐加固材料最基本的光学要求。文物保护材料常用△E（色差值）来衡量施加后文物颜色改变的程度，当△E大于3时，人们会明显感知颜色的改变；第二，对木质构件的渗透性好，适用于多次反复处理；第三，可逆性好，即加固试剂处理后，可在一定的溶剂中溶解去除大部分或全部去除。

（三）古建筑木构件的防腐与加固工艺

第一，现场统计核实本项目所涉及的需要修复保护的木构件的数量，逐个分类编号，现场对未经修复的木构件进行原始形貌数码照片的采集，用以详细记录其病害情况，并以文字和病害图示详细记录，建立该批待修复保护木构件文物的病害原貌档案。

第二，现场取样，对木构件文物的树木种类以及霉菌种类的鉴定和测试。

第三，根据现场木构件文物实际病害发生的类型以及病害严重程度制订详细的修复保护方案，整个过程中每步都进行详细的数码拍照记录；根据病害统计表分区域标示病害类型及程度，选取典型区域作为对照，并标示说明。

第四，木构件文物表面的整体清洁。对微小的灰尘，用洗耳球、软毛刷将彩绘表面的灰尘吹干净；用脱脂棉蘸上由丙酮与石油醚组成的清洗剂对表面进行软化、粘附清洗，再用竹签、修复刀等小心翼翼地清除彩绘表面附着的比较厚的污染物。

第五，局部除霉的渗透性实验，选择最合适的除霉试剂浓度。在选取的局部除霉区域上继续进行局部预加固试剂渗透性的实验，选择预加固试剂最有效的浓度范围。在此预加固基础上，进行整体木构件的除霉，采用截面灌注、缝隙浇注、表面喷涂的方法，使除霉试剂有效接触并渗透到木构件中，彻底杀死霉菌。手工清除木构件表层上霉菌侵蚀木构件留下的霉斑，彻底清洁木构件。

第六，除霉加固试剂的整体渗透，采用截面灌注、缝隙浇注、表面喷涂的方法，使除霉加固试剂有效接触并渗透到木构件中，实现高分子除霉复合材料在木构件本体中原位合成三维网络骨架结构，从而有效加固木构件。

第七，回贴木构件本体上起翘的漆皮，粘接断裂或易断裂折断部位。

第八，反复除霉加固步骤，直至木构件文物表面对除霉加固试剂的渗透趋于饱和。定期采集除霉加固修复操作后木构件文物的照片，连续观察一个月，比较未发现显著差异，则认为完成修复保护。

第九，整理修复档案，对比修复前后相同部位的病害治理效果，开始进入时效考察阶段，定期进行照片采集，观察修复效果的稳定性和持久性。

三、古建筑墙体的修复技术与方法

（一）墙体灰缝的修复

几乎在每座历史建筑当中都会发现有采用砖、石、赤土甚至混凝土等作为建筑主材料的情况。对于砖石建筑，人们会立刻想到一些它们的特征，但对于其他建筑，尤其是在非砖石砌体的建筑中，至少它们的地基或者烟囱是由砖石构成的。砖石建筑并不是永久不坏的，经历过千百年的风吹雨打，这些建筑总会出现这样或者那样的问题，尤其是在砖石衔接处，即砖缝或者灰缝处，问题最为突出。对于砖缝泥灰脱落比较严重的地方就需要重新灌入新的泥灰，也叫"重嵌"或"灌灰"，这一工序可分为两个部分，一是将受损的灰浆抠掉取出；二是将新的灰浆嵌入。如果措施得当，重嵌可以恢复古建筑视觉上的完整性。如果措施不当，重嵌不仅破坏了古建筑原有的视觉完整性，而且还会对古建筑本身造成一定的损坏。

重嵌往往是由于古建筑情况出现了进一步恶化，如灰浆风化、灰缝分裂、砖石松动、墙体受潮等。然而，仅仅通过重嵌泥灰来解决上述所有的问题显然是不可行的。造成古建筑受损的一些根本问题在进行重嵌修复之前必须被找到并且处理妥当，这些问题一般包括屋顶漏水、排水管道破裂、风化、天气影响等。如果这些导致古建筑受损的基本问题没有得到有效解决的话，那么古建筑受损的情况还会进一步恶化并且任何修复措施都将是徒劳的。因此，在对古建筑进行重嵌时，应注意以下两点：

第一，咨询专家。由于造成古建筑受损的原因有很多，所以在修复之前咨询一些相关的专业人员是尤为必要的，如古建筑学家或者古建筑保护领域的专家等，可以对古建筑进行全面的评估。在美国古建筑保护修复过程中，向专业人员的咨询和寻求帮助贯穿始终。

第二，寻找合适匹配的泥灰。在修复工作前期，对古建筑墙体的研究调查是很有必要的，它可以确保修复过后的古建筑在外观上和视觉上与原建筑相一致。对古建筑中泥灰的分析，尤其是对未受到天气因素影响的那部分泥灰的分析是十分重要的，通过分析可以帮助选用与古建筑中原泥灰相匹配的材料，从而使得对古建筑的损害减少到最小，因为有些新型材料是非常硬或者不透水的。在修复过程中，对古建筑当中的建筑用材如砖、石、黏土和建筑技术的分析研究将有助于保持古建筑的原貌。对古建筑当中砖石及泥灰的一个简单的、非技术性的评估分析都将会获得一些相关信息，这些信息关系到重嵌修复过程中所选泥灰材料的相关硬度和渗透性，对古建筑泥灰的视觉分析得到的信息可以提高新泥灰的混合搭配和应用技术。

（二）墙体墙灰的修复

墙灰就像古建筑的记事本一样，工匠的技艺、原主人的品味和装饰风格的演变都会在整个建筑的结构中得到体现。不论是一般的家居场所还是美轮美奂的宏大建筑，都是用墙灰来做室内墙壁的装饰处理的。墙灰是一种多用途材料，它可以用于砖结构、石结构、半木或全木结构的建筑。墙泥灰为墙体提供了一个持久耐用的表面，并且易于清理，还适用于各种或平直或弯曲的墙体和天花板；墙泥灰还可以有多种涂饰方法，可以镂花涂装、装饰性粉刷，还可与墙纸或刷墙涂料并用，这种材料的多用性和适应性几乎适用于任何大小、类型和结构的建筑。

在对墙灰进行修复时，一般采取以下的方法：

第一，填缝。只要"底灰"和"二道灰"的情况是良好的，"面灰"上出现一些发丝一样的细小裂缝是不用过分担心的，使用修复材料可以很容易地将这些细小裂缝修复起来。对因为季节性温度变化引起的裂缝重开问题，可以使用稍微不同的办法来处理，首先使用尖状物（如三角开罐器）将裂缝撑宽，然后再将其填充。对于处理起来较难的裂缝，可以先用胶水之类的东西对其进行桥接，在这种情况下，玻璃纤维可与填充材料一起使用。填充时，第一层敷上带有黏合物的灰浆，待其干化后，再敷第二层灰浆，注意的是敷该层灰浆时应与裂缝边缘相连接上，敷上第三层的"面灰"，将裂缝完全遮住，与墙面浑然一体。敷完所有墙灰后，使用湿海绵对修复区域进行清理，随后将残余的灰浆一并清理。由于结构问题引发的裂缝扩大，在修复之前应该先将结构问题找出来并解决掉。然后，顺着条板将裂缝两边的墙灰清除留出空间，注意条板上的灰浆残渣要被清理出来。修复时需要敷三层灰浆，如果裂缝还有继续扩大的趋势，就需要向专业人士咨询了。在有些情况下，墙面上的"面灰"会从"底灰"上脱落下来，在处理这种情况的时候，施工人员应该先在脱落部分的底灰上涂一层液态的灰浆粘合剂，然后再重新敷一层"面灰"。

第二，修补墙灰上的洞。在修复因"底灰"和"面灰"脱落形成的洞（直径小于4英寸）时，应该敷两层灰浆。首先，先将"底灰"灰浆敷到受损的区域并抹平，确保"底灰"的灰面稍低于现在的墙灰灰面。等到"底灰"成型之后，就可以敷"面灰"了，从而形成一个光滑平整的表面。通常只敷一层"面灰"是不够的，因为有可能由于其厚度不够而产生一个凹面，使墙灰面不平坦。当然，如果原墙灰中只有一层"面灰"，那在修复时敷上一层也就足够了。

在修复三层灰浆都受损或者从条板上脱落形成的面积稍大的洞的时候，施工工作可以分为三步：首先，清除原受损灰浆，并对松动的条板重新加固；其次，对将被敷灰的条板部分做喷水处理，防止新上的墙灰使条板变形，或者使用固定粘合剂。为了保证修复后的墙灰有更多的"钩子"并且更加牢固，可以在原条板上再敷一层金属条板（如菱形网眼钢板），用细线将其固定也可用钉子将其钉牢；最后，在新敷的金属条板上上墙灰，每一层新上的墙灰都须将原来的旧灰层压住，这样就能使新旧泥灰完好地结合在一起。还有，如果所修复的墙面本身是高低不平的，则在敷墙灰时应该遵循这种现存的不平状况。

第三章　古建筑的保护研究

古往今来，古建筑的保护工作都是一项重要的工作，对其的保护不仅需要相应的古建筑保护修复技术人员的努力，社会各界人士以及政府也应加强对古建筑保护的意识，为古建筑的保护工作贡献应有的力量。

第一节　古建筑保护的基础理论分析

一、我国古建筑保护理论与实践的发展

（一）我国古代建筑保护理论与实践

从相关记载来看，我国古代存在着保护建筑的行为，主要是民间的一种自发行为。比如民间百姓对一些古代的风景名胜建筑和宗教建筑以及古桥等的维护，但是这种保护是出于延续建筑使用寿命的目的，一旦建筑结构老化破坏到比较严重时，这种维护将变成重新修建。重建的建筑往往只是被冠以原来的名字，就被认为是原来建筑的替身，虽然新建筑无论从形式到时代风格上与它的前身相差甚远，但是古人们似乎并不重视这些因素，只要有名字和它的故事就足够了。古人并不视实质存在的建筑物为证明历史的必须，因为建筑同所有事物一样都躲不过时间的淘汰，以此作为历史的证据并不是最可靠的，同时，人们重视的不是建筑本身的历史，而是建筑所营造出的场所特性，诸如叫什么地方、干什么用、代表什么等那些符号化的意义，用语言学的概念来说就是人们并不关注"能指"，而是"所指"。所以在古人的观念中，反而是逐代相传的文字与口碑更能证明他们需要的那些历史。古人为了说明建筑所在场所的历史，只需在这个建筑重修时做一块碑记，所以建筑拆除了并不重要，只要名字在，那么这里依然古老。更有甚者，古代社会在改朝换代之际，前朝的宫殿、衙署等常常被付之一炬，以示兴替，所以古代那些作为代表最高建筑技术、艺术成就的帝都、宫殿，甚至寺观经常在朝代的更替中被人为毁坏，而朝代更替又是如此频繁，所以今天留下的早期的价值较高的建筑可谓凤毛麟角，徒剩"楚人一炬，可怜焦土"的哀叹。

所以说虽然中国人有着尚古、崇古的文化特点，但是古人并不存在类似于今天的保护建筑的观念，即以实物的存在为前提的保护，而是对本体之外的意义和符号的保护。作为实体的建筑恰恰是可以被替换的，尤其是在群体组合为主的中国建筑群里，单体的变换更显得无足轻重，因为群体秩序，差序才是营造的主要目的，换种说法就是单体之间的关系比单体本身重要。比如北京故

宫作为现存最大规模的宫殿建筑群，就是通过风格完全统一的木构大屋顶单体的组合而获得统治者所需要的森严的空间序列的，而等级的展现更多是在建筑之间的庭院上阐释的，建筑单体本身更多的是为院子的违和感和尺度感而存在的。建筑空间除了功能之外，更要表现其被赋予的"礼制身份"，在这种制度异常稳定的社会背景下，针对实体"原物"的意义是被忽视的，因为它们的被替换不大会影响建筑群体的"身份"价值。

（二）我国近代建筑保护理论与实践

我国有自觉的文物建筑保护行为应该是在民国时期。由于西方保护观念和理论的传入，当时中国出现了一些保护活动，并成立了保护研究机构，将对古建筑的调查和保护工作推向了实质。以梁思成先生为代表的学者在20世纪30年代进行了大量的实地调查，先后考察了山西、河北、河南、山东等15个省区200个县，对2200多处文物做了记录，发现了包括山西五台山佛光寺大殿（1937年）、蓟县独乐寺观音阁（1932年）等一批价值极高的古建筑，同时营造学社还对部分古建筑的保护修缮制订计划，如北平的13座城楼、箭楼、北京故宫景山的万春亭、曲阜孔庙、杭州六和塔、南昌滕王阁等。同时，营造学社还重印了《古建营造》《园冶》等古代建筑典籍。

从当时政府的管理方面看，在民国十九年（1930年），颁布了《古物保存法》，这是中华民国颁布的第一个文物法规，共14条。之后的1931年7月3日，国民政府行政院公布了《古物保存法施行细则》共19条，并在1932年设立了中央古物保管委员会，制定了《中央古物保管委员会组织条例》，该委员会的成立"标志着我国学术资料尤其是文物资料的保护逐渐朝制度化的方向迈进"。虽然由于各种因素的限制，他们的工作并非一帆风顺，但该委员会在限制西方人在华的肆意考察和保护学术研究资料方面做了力所能及的工作。

与此同时，解放区对文物的保护工作采取了积极的措施，早在抗日战争时期就通过发布通知、布告、指示等方式对古代及革命文物倡议保护。1948年11月，解放军包围了北平，找到清华大学的梁思成先生提供一份古都的文物建筑名单，以免遭炮弹误伤。北平和平解放之后，梁思成先生又根据毛泽东、周恩来的指示编写了一本需要在解放战争中保护的全国重要古建筑名单，这就是1949年3月华北人民政府印发的《全国重要建筑文物简目》，简目按当时的省、市、县行政区建制排列，共收入22个省、市的重要古建筑和石窟、雕塑等文物465处，并加注了文物建筑的详细所在地、文物的性质种类、文物的创建或重修年代以及文物的价值和特殊意义，条理分明，简明扼要，便于查阅。

（三）建国后我国古建筑的保护理论与实践

1.基础建设时期

1949年以后，中华人民共和国政府就把文物保护工作列为文化事业的重要组成部分，在文化部下面设立了文物局，由郑振铎先生出任第一任文物局局长。同时在地方也设置了负责文物保护管理的专门行政机构，行使管理地方文物的职能。如1951年由文化部和内务部等联合发布了有关行政管理的政府命令：《地方文物管理委员会暂行组织通则》《关于名胜古迹管理的职责、权力分担的规定》《关于保护地方文物名胜古迹的管理办法》。

同时针对以往战争中造成的大量文物被随意破坏的情况，中央人民政府政务院首先颁布了阻止继续破坏文物、杜绝流失的法令和法规。1950年，颁布了《古文化遗址及古墓葬之调查发掘暂行办法》和《中央人民政府政务院关于保护古文物建筑的指示》，提出"（一）凡全国各地具有历史价值及有关革命史实的文物建筑如：革命遗迹及古城郭、宫阙、关寨、堡垒、陵墓、楼台、书院、庙宇、园林、废墟、住宅、碑塔、雕塑、石刻等，以及上述各建筑物内之原有附属物，均应加以保护，严禁毁坏；（二）凡因事实需要不得不暂时利用者，应尽量保持旧观，经常加以保护，不得堆存容易燃烧及有爆炸性的危险物；（三）如确有必要拆除，或改建时，必须经由当地人民政府逐级呈报各大行政区文教主管机关批准后，始得动工……"基本上制止了长期以来文物保护的无政府状态。

2.体系完善时期

在进入20世纪80年代后国家经济快速发展的过程中，人们开始关注和反思当中大拆大建的现象，渐渐地要求保留建筑历史遗产的声音越来越大，而那种片面追求速度，而忽视社会承受能力的发展观念逐渐被大家看到其中的弊端。同时随着国家的开放，国际上通行的建筑文化遗产保护思想、理论和方法也慢慢进入中国，在我们自身存在的要与国际标准看齐心理的暗示下，以及国际遗产保护组织的带领和干预下，在20世纪90年代后，社会各界开始着力于建构一个包含多个层面的历史建筑保护体系，其中主要涉及了法制与管理、理论与实践的全面发展完善。

从法制建设上来看，由于1982年的《中华人民共和国文物保护法》条文简单，存在一些漏洞，以及某些原则与国际通行标准存在冲突的问题，所以重新对它进行了修订，于2002年颁布实施，并于2003年公布了《文物保护法实施细则》。首先，《中华人民共和国文物保护法（2002修订）》总结了在近二十年来的文物保护工作实践中的经验教训，明确提出文物工作贯彻"保护为主、抢救第一、合理利用、加强管理"的十六字方针，这也是符合中国中长期文物保护工作实际的提法。其次，解决了一直存在法律盲点的问题，如增加了历史文化街区的保护制度，这将杜绝以往只有历史文化名城称号，而体现其实质的历史街区却得不到保护的怪现象；又如新法规定了国有不可移动文物由使用人负责修缮、保养，而非国有不可移动文物由所有人负责修缮、保养，明确解决了保护开支的来源，使得文物的维护修缮工作有了资金和责任保障。

从文物建筑保护的实践来看，最大的一个进步是全社会对文物保护的投入在逐年加大，文物的生存安全保障有了很大的提高，既有对包括类似敦煌莫高、北京故宫这些重要国宝的抢救和维护，也有各地方上对量大面广的低级别文物的保护投入，并且这些投入不限于国家财政的拨款，已经有了企业和社会赞助等多种方式的参与，极大拓展了保护工作的社会空间。与这些大量的保护投入一起增长的则是保护实践操作水平的提高，行业内的工作者已经把重点花在了对文物保护准则的实现上，这需要很多的耐心和更科学的手段，而不是以往的有时候会带来破坏的粗放式维修。

总结来说，我国古建筑的保护经历是一个非常曲折的过程。在此过程中，古建筑保护主要受到了国家政治状况、经济水平和社会意识的影响，而这些因素又决定了古建筑保护中法规制度的完善、社会经费的投入、研究工作的深化、实践操作的开展等具体层面。受许多不利因素的影响，目前我国古建筑保护的水平还处于一个初级阶段，很多工作还是刚刚起步，尤其是理论研究薄弱，导致了具体实践操作整体水平不高，漏洞、错误较多，这需要我们在国际理论的引导下，结合我国文物的特点，并立足于我国文物保护的现状水平，加快开展学术研究，打开保护工作的新局面。

（四）江苏淮安都天庙的保护实例

淮安都天庙位于清浦区都天庙街东侧，始建于清乾隆年间，现存中殿一座，坐北朝南，青砖小瓦。2006年6月，都天庙被淮安市人民政府公布为第三批市级文物保护单位。都天庙是为了纪念唐代睢阳（今河南商丘）守将张巡而建的。唐代安史之乱，张巡将军坚守睢阳孤城，抵抗安禄山叛军，在内无粮草、外无援兵的情况下，带领军民数月不屈，后睢阳失守，壮烈牺牲。张巡被百姓传颂为"驱邪降福"的福神，并被尊称为"都天大帝"，后人兴土木而建都天庙。这样的庙宇在镇江、扬州、南通等地都有。

由于历史原因，淮安都天庙大殿曾被隔成居住用房，加上周边环境差，完全失去了原有的社会功能。为了更好地保护、利用好都天庙，2011年，淮安市文广新局筹措资金，搬迁了庙内的9户居民，并于2012年组织实施了都天庙维修及环境整治工程，修缮过程中严格遵守"原址性、真实性、整体性、可识性"原则，按照原先的结构和布局进行修缮，重修后的都天庙最大限度地保留了原有的布局和风格；2013年，市文广新局又安排专项经费，实施了都天庙内部展陈工程，采购了神像、铜钟、鼓、香炉等一批设施。

以都天庙为中心的都天庙历史文化街区，共有古建筑31处，其中清末和民国时期的古民居22处，市级文保单位4处。该区域传统街巷格局完整、历史文化底蕴丰厚，是淮安市主城区仅存的历史文化街区、运河聚落，2012年，淮安市规划局特意委托东南大学城市规划设计研究院编制了《淮安市都天庙地区修建性详细规划》，对该地区进行了规划，重新定位了街区功能，积极发展旅游、文化产业。

在经过近两年的维修整治之后，2014年2月9日，都天庙正式对外开放，淮安古城新添一个道教文化旅游的历史景点。

二、国外古建筑保护理论与实践

（一）国外古建筑保护机制

1.合理的投入机制

众所周知，古建筑保护及维护需要大量资金投入。在资金的投入形式上需要建立一个长效机制。西方发达国家，不仅依靠政府投入大量资金来维持古建筑的正常运行，而且通过全社会的广泛参与，使古建筑的保护更有保障。维护和保护古建筑的资金主要来源于政府、社会团体、非政府组织、个人及慈善团体等。

在德国，古建筑保护及维护资金主要来源于三个部分，即联邦政府、州政府、社区自筹。州政府通过乐透等博彩事业将筹集来的部分资金用于维护古建筑；联邦政府还通过税费减免等方式鼓励企业和个人更广泛地参与到古建筑的保护中；在法国，古建筑保护及维护的资金，40%由政府筹集，60%由古建筑的拥有者自行筹集；在英国，政府的投入是保护及维护古建筑的主要资金来源，与此同时非政府组织和个人的捐款也是支持古建筑保护事业的重要资金来源。

2.科学的保护理念

众所周知，古建筑保护的基本理论是由《威尼斯宪章》首先提出的。《威尼斯宪章》是在1964年5月31日，由Piero Gazzola、Roberto Pane、Paul Philippot等相关人员起草的国际原则，全称为《保护文物建筑及历史地段的国际宪章》。《威尼斯宪章》分成了定义阶段、保护阶段、维护阶段、历史地段、发掘阶段和出版阶段等六个部分。通过《威尼斯宪章》，首先我们明确了关于古建筑保护的基本原则，同时我们必须利用一切安全有效的手段来进行科学严谨的保护与维护工作。与此同时，强调维护和保护古建筑是一项高度专门化的学科，要本着"尊重原本的历史"的态度，绝不能仅凭自己的主观臆想决断。古建筑保护维护的工作的目的是最大限度地再现和保护古建筑的价值及美学特质，因此强调对古建筑的一切工作都要有准确的记录，并建立完整的档案。

古建筑包含着人类先祖的智慧，包含着对历史的传承和对历史的见证。同时我们有责任而且有义务为我们的子孙后代妥善保护。根据《威尼斯宪章》等国际公约，每个国家都有责任和义务来保护及维护古建筑。

在德国全境，古建筑多达一百万处。德国的古建筑是不分级别的。因为政府认为如果在古建筑中分出重要与次要的，那么作为次要的那部分古建筑就会被人们轻视。古建筑是由政府派出的专家团队在全国范围内界定的。一旦被确定为古建筑，无论是民居还是工厂，专家团队都会强调这座建筑与科隆大教堂具有同样的历史意义。一旦古建筑被破坏，那么破坏者将受到与破坏科隆大教堂等量的惩罚。即便是私人财产，拥有者也不得随意改变其格局甚至是建筑的颜色。如果建筑的拥有者要改变格局甚至是窗户的颜色，需要向联邦政府的古建筑保护部门提出申请。在德国统一时，联邦政府准备拆除民主德国时期的古建筑。这样的举动使当地居民感到极为愤慨。民众自发抗议这种不重视古建筑的行为。正是因为这样的民众行为，才使许多有价值的古建筑得到了保护。

3.完整的保护系统

意大利是世界上最重视古建筑的国家之一。在意大利有着形式各样的古建筑保护机构。然而意大利的古建筑保护及维护体系也是经过了反复的实践才确立的——由最初单一的政府保护到如今的交错式保护。意大利的古建筑保护及维护机构主要是由设立在中央的文化遗产部负责，在各个市设立相应的保护机构。例如，罗马市政府设立相关部门对全市的古建筑进行专门的管理。

在德国，由于战乱、意识形态等原因，前东德的许多古建筑亟待修缮。东西德合并以后，德国联邦政府采取了一系列措施，将东德所属区域内的古建筑保护及维护问题提上日程，并明确了分工。首先，由德国联邦政府派出专家团队将需要保护的古建筑记录在案；其次，专业团队对记录在案的古建筑做出详细的规划；再次，由政府部门、专家团队及建筑师商讨并制定保护的规范；最后，对这类古建筑进行全面的保护和维护。经过了十年的努力，仅在原东德地区就有144个区域的古建得到了修缮，基本保留了原先的历史风貌。

德国古建筑保护分为三个部门。较小的城市由所在州的政府在本州的首府设立专门的古建筑保护部门，每个部门分别对各市范围内的全部古建筑负责；较大的城市，在本市设立独立的古建筑保护部门，对本市内的古建筑负责；各个教堂及城堡有相对独立的保护部门对其负责。同时，租用古建筑的单位及个人对古建筑附有相应责任，采用"谁租用谁保护"的原则。在这个三级机构外，政府还聘请独立的专家团队，他们不附属于任何机构，仅针对每个古建筑相关的保护部门给予专业的建议。

（二）国外古建筑通用的保护原则

1.价值原则

对古建筑保护中的价值原则，可以分为真实原则与全面原则两个部分。

真实原则指的是在尊重文化多样性的前提下，对同一文化背景下的遗产价值特征的真实性评判，是所有后续保护干预的基础。所谓真实性评判是对遗产自身价值特征及相关信息源可信性与真实性所达成的共识，是对遗产建立起适合自身文化特征的价值权衡指标系统以及相应的实践操作标准。

全面原则指的是古建筑有多方面的价值，它不仅仅是艺术品，还包括历史、文化、科学和情感等方面的价值，是文化史和社会史的活见证。因此，保护工作应该着眼于文物建筑所携带的有价值的全部的历史信息，不仅要保护建筑物本体，还要尊重它身上的历史叠加，以及超出物质形态的精神价值。

2.操作原则

古建筑保护的操作原则可以分为缜密原则、最小干预原则、可逆原则、可识别原则与兼顾文脉原则五个部分。

缜密原则指的是在采取任何措施前都必须对古建筑及其环境的历史和现状进行全面充分的调查，处理过程中使用的所有方法和材料都必须有充分的文献依据。计划的实施过程要有详尽的记录。所有的调查研究材料和记录应形成档案供人查阅或公开出版。

最小干预原则指的是对文物建筑所采取的一切措施的前提是这些措施是最必要的，主要是为了减缓文物的衰败和破坏。因为我们不知道所采取的措施在未来是否会产生不良的影响，所以只有在非做不可的时候才允许做，并且是最低限度上的干预。

可逆原则是指我们不能保证今天所采取的任何干预措施是恰当的，为了把建筑遗产能够完整地传诸于后代，所以今天我们采取的任何措施都应该是可逆的，不妨碍以后采取更加妥当的措施或更好的替代方案，同时也为了保证日后能对文物建筑的真实历史作进一步研究。

可识别原则是指文物建筑在它存在的过程中产生缺失，也是一种历史痕迹，也不应该轻易补足。如果为加固、保存或者展示而必须补足某些部分，那就应该使补足的部分很容易识别，而不是与之混淆，以假乱真，甚至拆除部分也应留下可恢复其原状的痕迹。

兼顾文脉原则是说文物建筑从来都不是孤立存在的，它和周围的环境有着空间形态和历史文化上的关联，并且这种关联成了文物建筑价值的重要组成部分，对文物建筑的保护既要从本体出发，也要从环境出发。

三、我国古建筑保护的基本原则

（一）整旧如旧原则

早在1964年通过的《威尼斯宪章》中就明确了古建筑保护的基本原则和理念，那就是原真性和完整性。这两点对之后的国际古建筑保护产生了深远影响。这也就是国内通常所说的"整旧如旧"原则，它所表现出的是对文化创作过程和其物质实现过程的有机内在统一。我国的历史文化名城保护经历了多年的发展，要想实现真正意义上的整体保护已经不太可能了，因此只能坚持在原有建筑风格的基础上进行修复，在这过程中必须最大限度地保留和还原其历史状态，从而保护最能够体现城市文化特色的历史街区和建筑。保持古建筑的原真性需要从保护的设计、材料和工艺等多个方面进行。此外，普通的传统房屋还要考虑其功能性的保持，历史文化名城的保护需保证其整体性和发展性相结合。为使保护工作具有可操作性可以采取分层次维修和改建等不同的处理方式。历史文化名城的修复应建立在维持原有古建筑整体风貌格局的基础上，按照这一要求划分保护重点和区域，从而使得在保护中又可以让古建筑保持动态的有机更新。

（二）公众参与原则

西方社会成功的保护实践经验告诉我们，缺少公众的参与，古建筑的保护工作是很难顺利开展的。主要表现在两个方面：其一，当大众参与不积极，对文物遗产的历史文化价值评判就得始终依靠一些社会精英，之后才能对社会及普通民众产生启发和教育意义；其二，保护工作过分专业化的情况下，加之民众对保护工作参与度不够，仅仅依靠保护专家的主导和呼吁很难达到理想的保护效果。

在通常情况下，由于民众的参与热情和积极性没有被调动起来，在整个保护工作中民众的位置就显得十分被动，甚至造成城市整体公共规划利益同居民自身利益相悖的现象发生。在西方发达国家，国家相关遗产保护普遍受到公众的接受和参与，而且在相关法律的指导下，使得保护工作进展非常顺利。目前国内公众参与到政府建议决策的途径主要包括官方组织的保护规划、公众意见征询以及民间自发而形成的媒体监督和社会讨论等形式。不足之处是显而易见的，那就是范围多局限在单个的历史文化资源上，不少民众由于未能了解这些资源，从一开始就存在欠缺和不足，因此他们在参与工程中所能发挥的作用也十分有限。

（三）系统保护原则

对待城市古建筑的保护工作不是一项孤立的建设任务，而是和社会民生、经济发展紧密相连的系统性工程。在保护的工作中应该用整体辩证的观念看待保护中存在的问题，应当认识到保护是对历史文化名城中的建筑、环境及其他领域的修缮和整治过程，同时也是一项逐步完善、不断深入发展的过程，在治理过程中可能会由于其他因素的影响而产生出新的问题和矛盾，无论如何都必须将其放到城市整体发展的大环境系统中去思考和解决。

第二节 古建筑的具体保护措施

一、古建筑保护的一般措施

（一）改革保护管理体系

当前，按照《风景名胜管理暂行条例实施办法》《中华人民共和国文物保护法》等法律的规定，我国古建筑单位都需接受上级多个主管部门及地方各级政府的管理及领导。由于我国采取这样的管理形式及管理体系，很容易造成古建筑管理职能的重叠，从而导致古建筑的保护及维护工作条块分割、多头管理的混乱局面。在意大利，古建筑的专门保护机构是文化遗产部；而在墨西哥，国家人类学和历史局专门负责古建筑的保护及维护；在俄罗斯，俄罗斯遗产委员会是专门负责古建筑的保护机构。

为了更好地保护古建筑，使古建筑实现可持续发展，我国首先应建立健全保护机制，设立专门而独立的古建筑保护部门，并直属国务院或文化部领导。该部门对古建筑行使管理权、监督权，并进行垂直管理。由于古建筑的特殊文化价值及损坏后具有不可恢复的特殊属性，我们不能仅仅在中央设立管理部门，还应在地方政府设立相应的日常管理部门，明确其工作职责，确立地方政府对古建筑负责的制度，提高政府工作人员依法管理以及保护古建筑的责任感。

（二）协调古建筑文物保护与城市形象塑造

城市形象设计是世界范围内共同关注的话题，优秀的城市形象能使城市的对外形象工作取得事半功倍的效果。一个好的城市形象需靠优秀的设计工作获得，如需借助城市形象推动城市的发展就必须重视城市的形象设计工作。城市形象设计是一个复杂的过程，它主要是借助城市现有的社会、经济、历史、文化和自然资源等方面的优势建立城市对外在民众的认知体系。因此，城市内的古建筑是打造城市形象的重要资源。城市形象设计主要包括三个方面的内容：其一是城市的主体观念认知体系，主要是指一个城市的精神；其二是城市的行为识别系统，主要是指当地政府和民众的行为规范；其三是城市是视觉识别体系，主要保护城市有形的物质性标志。古建筑身上可以说包含了以上三方面的全部内容，既是城市精神的一种物质体现，也是城市长期过程中形成的标志，同时还体现了当地居民的一种行为特征。借助古建筑推行城市的形象是一种十分有效的途径。比如，在某种意义上滕王阁就代表了南昌悠久的历史和灿烂文化，外人通过滕王阁这一古建筑能瞬间感知南昌的城市形象，因此南昌的形象也就和滕王阁有机结合到了一起。

（三）更新发展观念

当前形势下，随着城市的不断发展，人们渐渐忽视了对古建筑的保护与修复，古建筑保护及维护面临前所未有的严峻形势。因此，在古建筑的保护过程中，我们应该更新理念及观点，不能因循守旧。唯有加快转变观念，唤起公众对古建筑的重视，紧跟时代步伐，形成具有鲜明特色的古建筑保护维护机制及理念，做到"在保护中求发展，发展中守特色"。落实科学发展观，将工作做到实处，使古建筑得到可持续发展，将我们祖先留给我们的文化遗产有序地传递给我们的下一代。

近几年来，国内对申报世界文化遗产有着前所未有的热情，在全国范围掀起了申报世界文化遗产的热潮，仅在大陆就有近百个古建筑要申报世界文化遗产。然而究其原因，虽然各地古建筑申报世界文化遗产的原因各不相同，但不难发现申报世界文化遗产的主要动力源于世界文化遗产的含"金"量。世界文化遗产作为含金量极高的"金字招牌"，不仅能提升古建筑的保护级别，更能极大促进旅游业的发展及消费水平的提高。以苏州古典园林为例，从苏州古园林纳入《世界遗产名录》以来五年内，仅苏州市区接待海外游客的数量就激增，年平均增长了18％，接待境内游客数量年均增长了12％；山西平遥古城也面对着同样的状况，在山西平遥古城被列入《世界遗产名录》的第二年，仅旅游门票收入就从每年19万元激增到500万元。虽然申报世界文化遗产，在一定程度上提升了公众对古建筑的认识，但这种重视开发却忽视保护及维护的发展理念，片面追求经济效益却忽视了古建筑的承载能力是不可取的。这不仅不利于古建筑的保护及维护，更不利于地方经济的合理可持续发展。

古建筑保护及开发，两者的关系是辩证统一的，即既联系又矛盾的关系。在这种辩证关系中，古建筑保护与开发两者缺一不可。优秀的古建筑只有在保护好的情况下，才能被开发；合理的开发能促进古建筑的可持续发展。古建筑的保护是古建筑开发的前提，合理的古建筑的开发又展示出古建筑的文化内涵，有利于古建筑的传播。对古建筑的开发，要掌握一个合理的"度"。在古建筑开发的过程中必须要遵循"依法开发、合理利用、统一规划"的原则。

首先，更要充分地发挥古建筑的历史内涵，通过古建筑来展示中华民族传统文化。在开发过程中，要适度开发，不允许、容忍过度及超负荷的开发，更不能出现"片面追求经济利益而忽视古建筑的人文价值"等不合理开发。因此，在开发古建筑的过程中，一定要建立健全监督机制，不仅要做到政府部门进行监督，还应让全社会共同进行监督。在政府和公众的多重监督下，坚决抵制以损害古建筑为代价的不合理开发。部分地区对古建筑的保护及维护态度仍处于简单的"翻新→开发→利用→翻新"的模式中。但对古建筑而言，盲目的翻新是对其最大的破坏。因此在实践中，我们应探索出一套有利于古建筑保护的具体措施。弘扬可持续发展观，造福我们的子孙后代。这就要求要走一条"科学保护→适当开发→合理利用"的新型古建筑良性循环发展之路。通过古建筑的辐射力带动周边区域的可持续发展，周边的群众在古建筑的影响力下获得利益，意识到古建筑保护的重要性；另一方面，由于我国古建筑保护体系还尚未健全，资金方面仍需依靠政府投入。因此，在古建筑的可持续发展过程中，应先牢固树立"保护第一"的观点，在不破坏古建筑的前提下，可以通过合理利用古建筑的资源获取经济利益，从而壮大古建筑自身的经济实力。

其次，要正确对待经济效益与社会效益的关系。古建筑的社会效益不能在短时期内直观地展现出来，我们应把眼光放长远，从而实现两个效益的统一发展。在开发和利用中，决不能把经济利益作为古建筑开发的唯一目标，要把古建筑的保护作为一项社会主义先进文化的建设，从而满足人民日益发展的文化物质需求。树立科学可持续的文化发展观，不仅要重视古建筑的观光功能，更要提升游客对古建筑的内涵认识。因此，应进一步关注古建筑的社会价值及文化价值，树立科学的古建筑发展观。

最后，要积极借鉴和吸收国外古建筑保护的经验，改善古建筑保护资金投入的体制，吸引更多的民间资本进入古建筑保护事业。对古建筑周围的环境，应尽可能保持其原始状态。按照功能分区的原则，整治过度开发，以保存保护古建筑的原始风貌为目标，严格治理过度开发，禁止在古建筑核心区域内建立疗养院、宾馆等各类有别于古建筑风格的建筑；禁止在古建筑周围建立各种度假区，从而保护古建筑周围环境的完整性和真实性。同时，在古建筑周围，凡是不符合总体区域规划的建筑及设施需要，讨论其合理性。若不合理，应限期改造或者拆除。

（四）加强公众的参与

现代社会各项工作都必须发挥参与精神，所以在古建筑保护领域同样也需要调动民众的保护热情，让他们以主人翁的意识投入到保护工作上来。我国大部分城市在过去的古建筑保护工作中，公众参与这一环节的工作十分薄弱。在今后的保护实践中，各地政府应该发挥自身号召和组织的优势，推动主体维护单位角色的转变，引导民众参与到城市文物保护工作中来，将对城市古建筑的保护整合到整个城市中长期的发展纲要中来。在建立健全古建筑工作中民众的参与工作应该注意以下几个方面的问题：

第一，创建良好的市民参与机制，为他们积极献计献策提供民主氛围。各地政府古建筑保护部门可以借鉴政府其他部门采用的市民听证制度，在对某些文物单位进行改革变动之前广泛听取市民的意见和建议，增强整个保护工作的透明度和群众参与性。同时，在古建筑保护规章制度的制定、方案通过和立案的过程中突出公众参与的重要性，明确普通市民所具有参与的诸如知情和监督政府的权利。

第二，市民现阶段参与性薄弱，有必要提升公众参与的意识。各地政府部门有必要运用自身的资源优势，借助媒体和舆论的优势，加大市民对历史文化名城的保护意识，同时增强对古建筑保护知识的学习。因为政府部门在保护工作方面的精力有限，许多复杂和繁琐的工作是它们无力企及的，所以，政府有必要鼓励社会成员组织成立相关的非政府组织（NGO），这些组织中所具备的公益性特点，可以帮助政府减少在古建筑保护领域的一些压力，让政府古建筑保护部门可以集合社会专业人士的知识优势，搭建专业人士之间相互交流的平台，鼓励市民参与到古建筑的保护工作去，营造出全市上下人人以古建筑为荣，人人有义务保护的氛围，通过舆论和教育引导市民，提高他们对古建筑保护的热情。

第三，借鉴国外古建筑保护方面的成功经验和有益教训，同时学习他们在引导普通民众对古建筑保护意识上面所做的工作，学习他们在借助民间资本和精力投入到古城保护和维护上的经验。

（五）普及古建筑遗产教育

在西方发达国家，都拥有完善的古建筑保护教育课程，在这些西方国家中，最重视古建筑维护与保护工作的是意大利与西班牙。对古建筑林立的西班牙来说，古建筑的保护教育贯穿各个教育阶段。政府从小就教育公民要保护古建筑遗迹，在中小学校都开设了关于古建筑的保护课程。这样的遗产教育使公民从小就了解本国古建筑并熟识本国古建筑的文化背景。通过这样的教育，国民养成了自觉尊重和保护古建筑的意识。同时，西班牙拥有为数众多的古建筑保护与古建筑维护学校，用来专门培养古建筑维护人员。西班牙政府不仅关注本国的古建筑保护工作，同时还十分关心其他地区的古建筑保护工作。由西班牙政府出资在拉丁美洲建立了大约30余所古建筑保护及维护的专门学校。同样意大利非常注重培养国民的古建筑保护意识。意大利政府每年定期组织各种古建筑文化活动周，在意大利的各级学校利用参观古建筑的机会对学生开展古建筑保护及维护等方面的教育。

然而，我国当前社会正处于转型期，由于片面重视经济效益，如旅游，不免忽视了古建筑的保护，古建筑经历着严重考验，许多古建筑遭到严重破坏。我们要注重古建筑的可持续发展，加强古建筑遗产教育的普及程度。首先，要从根源上遏制只注重经济效益忽视古建筑保护的思想。切实开展古建筑保护及维护的宣传工作，普及古建筑知识及先进的古建筑保护理念，通过宣传，提高公民对古建筑的保护意识，使公众积极参与到保护古建筑的行动中，树立全民保护古建筑的意识。各级政府部门应大力支持和发展古建筑的历史教育，鼓励更多学校将此类古建筑保护教育作为教学重点，列入教学计划，开展古建筑普及工作，普及历史知识，有利于增强公众的民族自豪感。其次，通过社区作为基础组织形式，向社区居民提供古建筑名录，并以社区为单位组织参观古建筑，提高公众对古建筑的保护意识。同时利用电视媒体、书籍、报刊、网络、广播等各种形式开展普及教育。通过提供设立相关的志愿服务岗位，培养公众对古建筑保护参与的兴趣，树立"古建筑保护人人有责"的观念，进一步促进古建筑的可持续发展。

（六）加快古建筑的立法研究

与其他发达国家完善的古建筑保护法律制度相比较，我国古建筑保护制度显现出诸多弊端。就目前而言，我国对古建筑保护没有一部较有针对性的法律。关于古建筑保护的法规或规范等都出现于不同层次的法规、法律等，其中涉及各个部门，存在着多方管理、各方推诿的状况，易于出现由于职责不明确所导致的管理的缺失。比如，我国重视保护古建筑的周围环境，而古建筑的周围环境属于《环境保护法》及《城市规划法》管辖。《环境保护法》由中华人民共和国环境环保部门制定，《城市规划法》又由国家城市规划主管部门负责。而古建筑中的附属物，属于文物范畴，应依照《文物保护法》。《文物保护法》由国家文物行政部门负责，其中关于古建筑保护的法规多由各部委及各地方颁布。大部分"规定""指示"都仅为各部门颁布的行政法规，缺乏立法程序，按照严格意义都不属于法律范畴。目前，我国还没有一部专门针对古建筑保护的适用于全国范围的国家立法。因此，各地对古建筑保护的标准也有所不同，个别落后地区，还恪守着过时的规定，不能满足当前社会古建筑保护的需求。

因此，对古建筑保护工作亟待建立一部具有专门性质的全国性法律。只有建立健全法律体系才能做到"有法可依、违法必究、执法必严"，切实推进古建筑保护的法制化进程，使古建筑处于完备的法律保护下，确保我国古建筑资源不受到非法侵害。

二、古建筑保护的技术措施

（一）信息化测绘技术

1.信息化测绘技术的含义

信息化测绘时期的作业手段是以不断完善和成熟的GPS、RS、GIS（即"3S"技术）技术为基础的，它借助现代通讯技术、网络技术，使得作业手段和作业方式都发生了根本变化，最明显的变化是所有工作都需要在计算机的支持下完成，数据处理和信息分析的时间相对增加，数据采集和外业作业的工作量相对减少。该时期的技术状况以卫星、航天、航空器搭载GPS、RS测量系统为特征，将3S技术、通讯技术、网络技术与4D产品有机结合，借助声音、图片、视频、文字、图表等形式提供信息和服务，供用户决策和使用，实现海、陆、空、天一体化。数据采集、处理、分析、服务等过程实现了自动化、智能化和实时化，突破了比例尺的概念，把解答When（何时）、Where（何地）、What（何物）、What Change（发生了何变化）这些时空信息（即4W）随时随地提供给用户。信息化测绘时期的主要任务和项目是在3S技术逐步发展成熟的基础上，开始建设区域似大地水准面、区域连续跟踪站、Web GIS、网格GIS以及数字城市，提出了数据采集、数据处理、信息发布和服务一体化的思想，给出了海、陆、空、天大测绘的概念。与我国测绘技术的发展相对应，2011年国家测绘局更名为国家测绘地理信息局，我国测绘地理信息技术已全面进入数字化、信息化阶段，技术的进步推动了测绘的内涵发生改变。近年来，地理信息产业持续快速发展，已经成为最具发展潜力的战略性新兴产业，是建设"数字地球""物联网"以及"智慧地球"的重要支撑。

2.信息化测绘技术在古建筑保护中的应用

第一，全站仪。利用全站仪可以测量古建筑的形状、大小和空间位置，在此基础上绘制古建筑平面、立面和剖面图。现在的全站仪非常先进，可以配置马达自动照准目标；免棱镜全站仪可以不需接触瞄准被测点，测距光束经自然表面反射后可直接测量距离和坐标，这在古建筑保护测绘中非常有意义。在古建筑测绘的关键技术中，立面图的测绘是一个非常棘手的问题，也是一个难点

（立面图是古建筑在与其立面平行的投影面上投影所得的正投影图）。古建筑测绘的本质是将所有的测量问题都转化为竖直及水平方向上的距离测量，即相对高程测量和水平距离测量，包括檐口、屋脊、斗拱等相对于外地台的高度，台基、墙体、门窗等的水平宽度。免棱镜全站仪可在任意点安置，无须控制点自由设站，无须对中和定向，无须测量仪器和棱镜高。设站时测站点和定向点可输入假定平面坐标，仪器高输入假定仪器高，棱镜高设为0，直接测量外地台的高程，然后修改棱镜高为测得的外地台高程，再瞄准古建筑的特征点进行高度测量，而后将测得的各位置的高度标注在草图上。测量水平距离时，可记录下全站仪在同一立面内测量某构件两端的平面坐标利用两点间的距离公式计算水平距离。这种方法使用广泛，且经济简单、高效便捷，可提高古建筑测绘的效率和精度，具有较高的应用价值。

第二，GPS。GPS作为一种全天候、高精度、全球性的无线电导航、定位和援时系统，由于其定位的高度灵活性和精确性，已经给测绘技术带来了革命性的变化。应用GPS的动态、静态等多种定位方法，可直接获取各类大地模型信息。现在的航空摄影技术引入了GPS，将GPS仪器（通常采用差分定位的方式）与摄影仪如RC30连接，同时安装惯性导航系统，这样在航空摄影的瞬间，摄影中心的空间位置和摄影仪姿态可以由GPS和惯性导航系统得到，从而极大地简化了摄影测量外业控制工作，使得数据实时处理、直接进入GIS数据库成为可能。在古建筑测绘中，GPS主要用于已有的或新发现的建筑物的定位，以及测绘文物区域地形图时候的控制点测量。

第三，三维激光扫描技术。传统的古建筑测绘是在建筑物周围搭建脚手架，用皮尺和竹竿测量每个建筑物的构件，需花费大量的人力。一般来说，古建文物的装饰、纹理图案都比较复杂，这种方法从测量到成图的过程中具有一定的局限性，如：测绘效率低、精度差，漏掉了大量的建筑物现状信息，而且接触式的测绘方法对古建筑物可能会造成不必要的损坏。因此，对于一些诸如敦煌壁画、太和殿龙椅等珍贵的测绘对象，传统测绘方法难以获得满意的结果。三维激光扫描测量技术是通过高速激光扫描测量方法，以点云形式获取物体或地形表面的阵列式几何图像数据，可以快速、大量地采集空间点位信息，为快速建立物体的三维影像模型提供一种全新的技术手段。它不再是只量取建筑物的长宽高的测量模式，通过对立体实物进行无接触扫描，解决了建筑数据人为采集时所带来的不必要损失，克服了传统建筑测量的局限性。三维激光扫描技术的应用不仅保障了古建筑物的绝对安全，还可以最大限度地保留建筑物的原始信息。因为它具有无接触、实时、快速、精度高、主动性强、全数字等众多优点，极大地降低了生产成本、节约了工作时间。另外，输出的格式可以直接导入到CAD、三维动画等软件中。

当然，三维激光技术也不是能够完全代替传统的古建筑测绘技术的，特别是一些古建筑物有了严重的损坏或者三维激光技术无法获得原始数据时，传统的建筑测量和建模方法也是不能替代的。具体来说，如砖雕、石雕、木雕或者其他古建园林中的装饰构件，表面雕刻图案常常较为复杂，有些雕刻是镂空的，如果镂空的缝隙小且深，则不易布置坐标贴点，激光也不易探测，会出现扫描死角。此时，则需通过人工测量雕刻镂空的深度尺寸，在数据后期处理时创建相应的底面。同时三维激光技术还有原始数据量大、数据冗余等很多问题有待更深入的研究。

（二）BIM技术

1.BIM技术在古建筑保护中应用的优点

第一，BIM技术的可视化。BIM技术的可视化应用于古建筑保护工作的作用尤为重要、效果尤为明显，研究和保护古建筑的关键所在便是其全部的木造的结构，在技艺上经过繁复的演变，每个建筑的工艺做法及其构造方式各有特色。我们传统的古建筑保护工作分阶段进行，先要去现场实际勘察，尤其是小构件的搭接方式及复杂构件的三维空间模型只能依据现场绘制的二维平面图，及照片辅助绘图，容易出现错误并且时常绘制不清楚，让没有去过现场或对该建筑不熟悉的人员仅凭各个构件及信息在图纸上采用线条绘制表达，难以想象他们的真正的构造形式及空间形式。对一般简单的物体而言，这种空间想象是可行的，但是我国古建筑形式各异、空间构造复杂，那么这种光靠设计者去想象其复杂的空间形态就未免有点不现实了。因此BIM技术的可视化的思路，将传统的平面式表达的复杂构件空间形式转换成三维的立体实物图形展示在人们面前，也增加了不同构件间的互动性及反馈性，在古建筑信息模型中，整个空间都是可视的。可视化不仅可以用在古建筑复建推理及信息记载的一一对应上，避免信息的错位及遗漏，更重要的是，古建筑保护工作中的商讨、沟通、决策都是在建筑可视化的状态下进行的，而非传统的纸上谈兵式的方案及意见的商榷。

第二，BIM技术的协调性。BIM技术的协调性是古建筑保护工作乃至建筑业中的重点内容，不论是建设单位还是设计人员或者是施工人员，都做着相互配合、相互协调的工作。只要古建筑保护项目实施过程中遇到困难，就需要将有关单位的相关专业的工作者组织起来开协调会，探讨和寻找施工问题发生的原因及解决办法，然后提出变更方案，最常见的原因往往是因为各专业设计师间的沟通不到位，于是出现各专业间的碰撞问题。如在古建筑保护工作中最常见的电气专业的线路布置时，线路必须暗敷在套管内，由于施工图是每个专业绘制在本专业的施工图纸上，在图纸上难以发现古建筑的木架妨碍套管布置的问题，但是到了真正的施工过程中，可能才会发现布置的套管刚好有古建筑的木架妨碍电线套管布置，这就是施工中最常见的碰撞问题，像这种问题只能在碰撞问题出现之后才能进行解决。但是BIM技术的协调性就可以帮助解决这些问题，古建筑信息模型可以在古建筑保护工作开展前期对相关专业间的碰撞问题进行校对和协调，生成协调数据，反映在信息模型中。

第三，BIM技术的模拟性。BIM技术的模拟性不仅可以模拟设计出古建筑的实际模型，还可以模拟出不能在现实世界中真实操作的实物。BIM技术的模拟性可以运用到古建筑保护工作的各个阶段：在勘察阶段，传统的勘察手段是根据现场建筑本体的实际情况手工绘制平面图，标注各部位、各构件现状残损情况以及每个构件的搭接方式，测量建筑本体及各构件的详细尺寸并逐一标注，整个过程既费时又费力。BIM技术的模拟性运用到勘察阶段，只需要根据现场古建筑及其构件的实际尺寸和局部构件搭接方式模拟出现场古建筑的实际模型，后续工作便会顺利进行。只要熟练掌握BIM技术，就可以达到事半功倍的效果。在设计阶段，BIM技术的模拟性可以针对设计的需要进行一些模拟实验，如基础抬升模拟；在招投标和施工阶段，根据施工的组织设计进行4D模拟（三维模型加上工期），来确定合理的施工方案。与此同时还可以进行5D模拟（基于三维模型的造价控制），来实现合理的成本控制，便于资金的管理。后期运营阶段，可以对日常紧急情况进行实际模拟，并且制订应急处理预案，如：消防人员疏散模拟、地震时人员逃生模拟等，还可以对重要古建筑建立虚拟的博物馆等，方便人们足不出户游览古建筑。

第四，BIM技术的便携性。BIM技术的便携性是指它是携带信息的载体，便于建筑工程的全生命周期的管理。利用BIM技术可以记录和模拟古建筑的真实信息，BIM技术这一特点运用到古建筑保护工程中最为重要，古建筑是具有历史意义的建筑，是浓缩了人类文明的结晶，也反映了当时的历史信息和工程信息，同时古建筑也是我国文化遗产的一部分。我国近年来十分重视传统文化的保护，所以古建筑保护工作也是其重要的一项内容。文物建筑保护要求真实性的保护，因此我们要保护古建筑真实的历史信息和文化信息，这才是古建筑保护工作的重中之重。

第五，BIM技术的可出图性。BIM技术的可出图性并不仅仅指大家常见的设计院所出的建筑施工图，及其一些构件设计的加工图纸和建筑构造详图等，而是通过对建筑进行可视化、模拟、协调、信息记录之后，可以出下列图纸：第一，综合管线图（经过碰撞检查和设计修改后，比较准确的图纸）；第二，结构预埋套管图；第三，碰撞检查侦错报告和建议。BIM技术运用到古建筑保护工程中有众多的优越性，但是BIM在我国古建筑领域顺利发展，则需要将BIM和我国的古建筑市场相结合，才能够满足我国古建筑市场的需求，同时BIM技术应用将给古建筑领域带来一次巨大变革。

2.BIM技术在古建筑保护中的应用

第一，古建筑保护的重要内容是古建筑的修缮，而古建筑的测绘和勘察是为古建筑修缮提供最基础的数据和资料，是古建筑修缮的重要依据。古建筑基本信息模型可以根据实际测绘和勘察详尽地记录古建筑本身的各种数据和信息，便于以后在古建筑修缮时进行提取和使用，可以取代传统测绘图纸作为修缮依据。我们既可以利用古建筑基本信息模型携带的各构件的尺寸和材料等数据对残损的构件进行更换和修补，还可以对缺失的构件按原形制、原工艺、原材料进行补配。此外，古建筑基本信息模型可以虚拟残损严重、濒临坍塌、亟须修缮的抢救性保护工程。对古建筑的修缮就是要对现状进行实际记录，要记录修缮以前建筑的原始面貌，包括原始的现存构件的尺寸及数量，并要求对原始的现存构件逐一编号并进行相关的数据信息的统计，这样便于展示古建筑修缮之前的原有面貌，也便于准确加工任何原有构件并且展示其原有的构件信息，也便于古建筑基本信息模型的建立。在对古建筑本身现状测绘和数据记录的同时，还要求对古建筑本身残损部位、种类（如糟朽、挠曲变形、断裂等）及数据等信息进行统计，在建模的过程中利用古建筑信息模型可以携带工程信息和历史信息的功能，可以对相应数据进行录入，这与古建筑基本信息模型的建立是同步进行的。

第二，古建筑基本信息模型在古建筑保护后期的档案管理也有较好的应用价值。我国遗留的古建筑种类繁多，倘若每个古建筑都建立相应的基本信息模型，并把这些模型集中起来建立古建筑信息模型档案的数据库，并将古建筑按历史时期、地区、类型进行分类，并应用信息检索功能，建立古建筑信息共享的系统化平台。一旦有了古建筑信息共享的系统化平台，我们只需对同地区、同类型、同时期的古建筑进行信息检索和信息比对，就能对一些古建筑的断代研究提供较好的理论依据和工艺支持。

第三，古建筑信息基本模型对古建筑保护的重要意义在于各种构件"族"的建立。我们可以按照类型进行分类，总结其构造工艺、寻找具有共性的参数特征及模型数据和描述的族文件，便于此形式的建筑构件实际的建造模板。建立"族"文件可以使我们更为直观地了解和认识同类型建筑构件的全貌，从而更为直观地展示各种构件的分类形式。

（三）现代化的维修保护技术

1.附加工程的隐蔽技术问题

附加工程的隐蔽技术问题是古建筑维修中的一项重要项目。这一项目各国和国内同行之间还存在两种不同的看法：一种意见是要完全隐蔽，使外表看不出任何痕迹；另一种意见则认为应充分予以暴露，认为既然是附加上去的，就应该让人们知道是后来加上去的，不要与原结构混淆起来，从而扰乱原结构的真实情况。这是人们审美观念不同而提出的不同看法，两者都有一定的道理。对这两种看法，应该根据加固的建筑的具体情况适当处理，最重要的一个原则是，不管是隐蔽或暴露都应该以是否有损是有利于建筑本身和附加结构的安全和坚固为准。比如西安小雁塔的混凝土钢箍，除下层通过窗口之处有少许暴露之外，全都隐卧在砖体之内，这样不仅对塔的外观无损，而且对附加结构来说也可免去风雨侵蚀，使之能保存得更久。原北京大学红楼的加固工程，为了保持室内的原貌，把附加水平钢桁架隐藏于楼层之内，立竖槽钢则按其尺寸，用特制工具在砖上开浅缝，嵌入砖体内，收到了较好的效果。但是为了不损伤原结构的强度，在外墙的槽钢和角钢则部分未开槽嵌入砖内，而在钢件上刷上与原来墙身近似的红、灰两色油漆，结果并不显眼，效果甚好。钢铁等金属构件，如能隐藏在内部可经久不生锈，也有益外观的保护，所以还是把它隐藏在内部为好。至于与原来结构的区别问题，可以用档案资料记录在案，也可刻碑刻石记载。如果能刻记于结构内部，待将来再进行维修时，就更有据可查了。

2.修补做旧技术问题

古建筑，包括其他文物，在修补之后是否要把新修补的部分按照原样做旧，现在世界各国专家们也有两种不同的看法和两种不同的办法。一种办法是将修补的部分完全按照原来的颜色、质感、纹饰等做旧，达到"乱真"的效果；另一种意见是新修补的部分要与原来的有所区别，明确表示出它是新修补的，不要与原来的相混淆。几十年来的许多维修工程中，基本上是采取按原状做旧的办法。凡是新补配的斗栱、梁枋都按对称的和相邻的部分做旧，使之协调。石刻和壁画的修补部分也是按原状做旧的，如云冈石窟第二十窟的露天大佛和龙门奉先寺阿难头像的修补部分，在做旧之后，很难分别出来了。永乐宫壁画在搬迁复原时，也将切割的缝隙予以描绘复原，几乎看不出切割的痕迹。我们认为这种办法是好的，不然的话，如像永乐宫的壁画，在复原时仍保存着满壁切割的痕迹，那就太不雅观了。另一种情况我们认为可以不完全做旧，即修补的部分是大面积壁画，大体量的雕刻、塑像部件，如一只手、大半个身子等，其艺术性也是很强的，可以与原来的有所区别，以表现其为新补配者。但也需要"随旧"一下，使之不要过于刺目。其程度是粗看不突出，仔细一看能分别就可以了。还必须强调一下，我国维修古建筑还有许多宝贵的传统技术与工艺。如像打牮拨正、偷梁换柱、拼镶补缺、墩接暗榫、剔砖等，都必须很好地继承，有的还需要大力研究和发掘，绝不应该让它们失传。

第四章 古建筑周围环境保护与整治研究

古建筑的维修与保护不仅包括对古建筑自身的维修与保护工作，还应加强对其周围环境的保护与整治工作，将古建筑与周围环境看成一个整体，统一对其进行保护，保证古建筑与周围环境融为一体，不显得突兀，提高古建筑的游览观赏价值。

第一节 国内外古建筑周边环境的保护历程

一、国外古建筑周边环境保护的历程

（一）法国对古建筑周边环境保护的实践

对拥有丰富文化遗产的法国来说，其对各种类型的历史建筑都有深入的研究，在强调城市整体性特色方面做得较为成功。1943年，法国通过《纪念物周边环境法》，对历史建筑的环境范围提出了明确的数值界限，即以建筑为中心，周边500m（米）为半径，其范围定义为历史建筑的环境，同时，在这500m（米）以内要实施严格的保护措施，非经审核不得在其内建设，对其内的所有元素包括自然因素、构筑物等都应进行相关的保护。在1983年，法国颁布了《风景法》，提出应按历史建筑自身的特点划定其单独的保护范围，不能一概而论，其保护方法是通过界定和保护需要保护和整治的城市要素来实现的。该规划是一种引导性规划，建议性强、规定性小。划定范围内应保护的因素有："重要的城市要素""具有特征的城市空间""地区肌理"等。

比如，在法国尼姆市，著名古迹"伽黑神庙"及一个由主廊环绕的古广场被一场意外的火灾所破坏，不仅保留下来的遗迹寥寥无几，同时空间格局也被破坏了。整个地区的环境质量在不断下降。为了恢复历史建筑周边的环境，政府对广场进行了改建。古广场保持不变，新广场采用不同的材质铺砌，用台阶来区别新旧广场，这样就保留下来了老广场的外部形状。同时，将遗留下来的建筑遗迹与新的景观元素相结合，不仅对原有遗迹保持了尊重，又加入了新的城市元素，使之得以持续地传递历史信息，并形成了新旧对话的格局。整个地区通过改造，提供了新的城市开放空间，为城市公共空间丰富的活动内容提供了场所，恢复了地区活力。这种通过融入新的城市元素而不改变原有遗迹，使历史建筑与环境重新融入现代城市发展，并形成新与老对话的做法是非常值得学习的。

（二）日本对古建筑周边环境的保护

20世纪60年代，经济和社会的飞速发展，让日本城市内和郊外的历史建筑和文物古迹受到巨大的威胁。日本也很快意识到了这样下去会带来的弊端，在1966年的6月1日，颁布了一项有关保护历史风貌的法律——《关于在古都保存历史风貌特别措施法》，该法案突出和强调了对建筑物周围环境的保护，从注重历史风貌的保护到保护历史建筑本身，都有所规定。此外，该法案还涉及了一些历史遗产的保护办法。重新划定历史风貌的保护区域，包括历史、文物古迹的背景区域在内的所有环境，是与建筑物融为一体的广义的自然环境与历史环境背景，是包括文物之间的连接地段在内的所有环境。从这个广度的规定和定义来看，日本在历史建筑环境的保护上，确实花费了不少功夫，表现出极其重视的态度。

比如，日本古川町历史街区地段的空间营造。古川町位于日本岐阜县飞騨市，同时临近飞騨市山林资源最密集的区域，林业作为古川町最大的产业，正是缘于地理位置的先天性与独特性，村内的职业结构也以木匠为主，平均125个人中就有一个是专业木匠，全镇的木匠数量居日本之首。古川町的大部分建筑全部是木制建筑，木质榫卯结构构件成了建筑的典型特征，其中以"云"为装饰的构件在老建筑群中最具特征、最具个性，代表了当地建筑的设计特色。濑户川作为整个区域中唯一一条穿越居民建筑的水道，介于道路与建筑之间，居民出行需要跨越水道。由于20世纪工业革命的崛起，对古川町的区域环境造成了严重的污染，当时居民不负责的生活方式对环境也造成了一定的破坏，这条仅有1.5公尺的水道被完全污染，多段呈现堵塞发臭的迹象。1965年的放生鲤鱼活动，对水道进行了完整的清淤工程，随意乱扔垃圾与排放生活用水的习惯已不复存在，居民们如今都悉心经营自己的生活空间。

（三）美国对古建筑周围环境的保护

美国在历史建筑与环境保护上毫不落后，制定了十分全面的保护法律，1966年通过并执行《国家历史保护法》；1970年针对自然和文化环境保护，颁布《国家环境政策法》这一专门的法律法规。同时，美国对古建筑遗址的保护，是把所要保护的遗址地区与景观绿色生态的廊道建设相结合的形式作为保护的主要措施，在整个古建筑的大遗址片区内，建立遗产的景观廊道，起到历史文明的再现与展示的作用，对遗址保护区的绿化生态也有着重要作用。遗址的廊道的内部包括了多种不同的遗产，它将历史价值的保护上升到很重要的位置，在此，也注重经济价值和绿色生态系统之间的相互关系，遗产廊道不但保护了历史建筑遗址本身，更重要的是采用与之相适应的景观生态重建和旅游开发方式，使得遗址区域内部的景观环境得到最大力度、最有效的保护。比如，美国的波士顿城是将旅游路线串联起来，从而形成了一条历史名胜路线，在路线中将许多景点连接起来，整个路程像电影一样将历史事件联系起来，使游人对路线上所展现的历史过程有一个清晰的认识。通过对历史街区或城市的整体规划与补充，使地区的历史风貌得以完整地体现，这是在今后的保护与设计中需要学习与关注的。

（四）国际上对周边环境保护法律的规定与理论

1.国际上对周边环境保护的法律规定

在国际宪章中，也有如《华盛顿宪章》一样针对历史建筑遗产环境保护方面的条款。《华盛顿宪章》指出，一切的历史社区，不管是自然进化的还是刻意建造的，均为历史的不同表现形式。历史城区不只是城镇和人们的居住区，同样涵盖周围自然、人文景观，它们的贡献也不仅表现在历史文献的作用上，还体现在具有传统、历史的城镇文化价值方面。在保护范围上，进一步扩大化，从以历史纪念物为保护对象扩展到以历史城镇和历史街区为保护对象，打开了人们研究历史文化遗产周边环境的视野。在《世界遗产公约操作规程》第十七条中明确"应在大遗址周围设立缓冲区和提供必要的保护。缓冲区可以理解为一个在遗产周围的地区，为遗产提供一个附加的保护层，其用途受到限制"，进一步认同了建筑周边环境所形成的缓冲区有助于保护遗产的完整性。1994年，《关于原真性的奈良文件》在国际古迹遗址理事会上获得通过。该文件中提到，由于文化遗产本身涉及的因素较为复杂，其真实性的评判会受到许多不一样的类型信息源的影响。其中对信息源的解释是：使认识文化遗产成为可能的一切文字、图像、口头、物质信息等来源，它可以涵括表现与设想、材质与原料、功能与作用、传承与创新、地理与气候等多方面因素。该文件指出，历史文化遗产的保护，应该注重整体性的保护，综合考虑历史建筑与周围的环境物质、周围的精神性要素等，以此来与主体历史建筑、历史文化相融共生。

2.国际上对周边环境保护的理论

第一，原真性保护理论。"保护"指的是为了减缓历史文化遗产自然或人为衰败的速度，也为了更好地维持古迹的原貌所开展的动态保护管理，通常对历史建筑、历史街区、民居等历史文化遗迹及其周边景观环境进行保护的手段，包括防护、修缮、控制和保存等手段。联合国教科文组织在1964年首次研究并通过了关于保护历史建筑原真性和完整性的通用性条令《威尼斯宪章》，宪章中明确指出："传递历史古迹原真性的全部信息（the full richness of their authenticity）是我们的职责。"对历史文化遗迹的保护行为不应该是简单的用现代的形式和手法来进行保护和修缮，而应该是努力用其本身具有的原生性和真实性尽力去恢复它本来的样貌，这样才能最大限度地保护历史文化遗产的原真性。

第二，整体性保护理论。恢复和保护历史文化遗迹的完整性这一理论最早于1964年颁布的《威尼斯宪章》中被提及，第十四条明确指出历史文化遗迹必有专人看管，并在清理和开发的过程中注意使用恰当的方式方法，以保证它的完整性。城市古建筑周边的景观环境及历史遗存景观环境的保护工作涵盖历史古建筑群落、其形成时期的历史地貌与现在变化后的地形之间的各方面变化和联系，同时也要针对保护范围内后来形成的不同时期的历史文物古迹进行单独处理。同理，对城市商业区内古建筑周边景观环境的保护工作也不仅要对保护范围内的文物古迹和景观环境进行针对性的工作，也要对文物古迹周边的环境和后来形成的不同时期的文物古迹进行完整的保护工作。

第三，"新旧结合"与"新旧分离"理论。20世纪60年代后，城市建设者在开发过程中开始关注区域内的历史遗存，充分考虑保护和留存既有古建筑及周边景观环境，采取新旧插建的方式，保护但不隔离，既开发了地域价值，又在一定程度上保护了历史文化遗存，这就是Kolb所倡导的"累进重读过程"（incremental rereading），也就是"新旧结合"理论。布伦特·C·布罗林在大量进行实地调研后，提出了一个与Kolb完全不同的"新旧分离"理论，这个理论不同意新建建筑与历史遗存插建或混建在一起，提倡与城市另一处开辟新区域建设一个建筑风格相似、城市空间更加纯粹的新城，这样既能使新城的现代化建设少一些羁绊，也能最大限度地保留历史街区的民俗民风，达到古城风貌完全不被现代化建设所影响的目的。

第四，共生理论。在古建筑景观环境保护方法的理论研究中，还运用了设计方面的新兴理论——共生理论，这个理论提倡将城市里所有原有的以及新增的各种类型的元素全部融合在一起，同意个体元素的自我表达，通过街道、广场等公共元素形成城市大框架去将各种不同类型的个体组织并融合在一起，以求创造层次丰富、独具魅力的多元性城市空间。这种理论对商业区内的古建筑周边景观环境的保护很有实际意义，在商业区内的古建筑大都被直接隔离保护，既不能很好地与周围的空间和谐交融，也很难达到保护的目的。共生理论的出现为古建筑周边景观环境如何在所处商业区已建成的情况下有效融入周边环境提供了思路，也为如何营造保护空间提供了借鉴的依据。

第五，符号学理论。符号学主要研究了符号的特性及其变化规律，罗兰·巴尔特发现可以将符号学运用到古建筑景观环境的保护研究中，他认为符号系统的发展规律与城市建设之间存在物质形态和意识形态的双重相似性。将商业区内的古建筑周边景观环境视为一个符号，而其所处的商业环境则是一个符号系统，系统内的每一个符号都可以抽象地将整个街区的空间特征、景观构成和文化形式表达和连接起来。国外对保护古建筑周边景观环境的研究开展得较早，形成了各式各样的理论研究成果，对我国保护工作的理论研究提供了借鉴和学习的依据。

第六，保护地方特色和场地精神理论。"场所就是具有特殊风格的空间"，学者诺伯格·舒尔茨将视角放在场所所具有的精神上面，他认为在确定古建筑周边景观环境的保护方式时要充分考虑尊重原有环境表达的场地话语和精神，力求既能表达和传递出原有景观环境的具象精神也能达到景观视觉上的平衡。罗格·特兰西克（Roger·Trancik）在《寻找失落的空间》一书中运用图底理论（Roger ground theory）、连接理论（linkage theory）和场所理论（place theory）等城市设计方法，注重将视角放在人性关怀、传统文化保护和场所精神维护上，力求在保护规划设计中着重体现对传统历史和人文精神的关怀。

二、国内古建筑周边环境保护历程

（一）国内对古建筑周边环境保护的规定

我国对文物保护层级划定有明确的规定。《中华人民共和国文物保护法》

中第十五条：各级文物保护单位，分别由省、自治区、直辖市人民政府和市、县级人民政府划定必要的保护范围，做出标志说明，建立记录档案，并区别情况分别设置专门机构或者专人负责管理。全国重点文物保护单位的保护范围和记录档案，由省、自治区、直辖市人民政府文物行政部门报国务院文物行政部门备案。第十八条：根据保护文物的实际需要，经省、自治区、直辖市人民政府批准，可以在文物保护单位的周围划出一定的建设控制地带，并予以公布。在文物保护单位的建设控制地带内进行建设工程，不得破坏文物保护单位的历史风貌；工程设计方案应当根据文物保护单位的级别，经相应的文物行政部门同意后，报城乡建设规划部门批准。

根据《全国重点文物保护单位保护规划编制要求》的规定，保护范围可进一步划分为重点保护区和一般保护区，建设控制地带也可根据控制力度和内容分类。在《全国重点文物保护单位保护规划编制要求》中，划定或调整保护范围应根据确保文物保护单位安全性、完整性作为要求；划定或调整建设控制地带应根据保证相关环境的完整性、和谐性作为要求。

在北京，北京城的高度历来强调以故宫、皇城为中心，分层次控制，1999年北京市区详细规划提出的具体办法为"站在故宫太和殿前的平台向东西方向观测，有一条视点向外呈1.03° 仰角斜线，建设控制在此仰角线以下"。2002年10月，北京市政府颁布实施《北京市历史文化名城保护规划》，将世界文化遗产颐和园及其周边背景环境列为清代"三山五园"保护区域的重要组成部分，不但严格控制颐和园保护区域内建筑物的高度、体量、形式，并承诺将逐步拆除影响文化景观构成的不和谐构筑物。根据相关法律，颐和园自2003年以来，依法制止了多起影响文化景观遗产保护的建设工程，并于2004年拆除了园外影响文化景观遗产环境的高压线塔，输电设施改为利用地下空间。

杭州率先开发和应用了"空间视觉信息系统"，对新建建筑对西湖的视觉景观的影响进行分析，避免城市建筑物对自然风景构成直接"冲撞"。对整个西湖各个视点来说，首先进行了景观界面的界定，通过以湖心亭、压堤桥视点向保俶塔、城隍阁眺望的外切线形成的扇形区域作为景观控制范围，然后根据杭州气候能见度条件确定控制范围的最远距离。

香港的保护法规可以分为两个主要的分支，第一是关于保护自然环境的，第二是关于保护建造类遗产的。涉及保护的主要部门包括：渔农自然护理署、古物古迹办事处、环境保护署和规划署。香港2002年通过法律，开始对城市景观进行严格控制和引导。香港将城市区域分为香港岛、九龙、新市镇、乡郊地区、摩天大楼、海旁用地（维多利亚港）等七个区域，提出保持在远眺下维港两岸的山脊线景观的重要性，并对八个策略性观景点来眺望山脊线的现状分析。根据每个策略性观景点的视线分析，确立了这些观景点的观景覆盖区，以保护这些山脊线的景观资源。

（二）国内对古建筑周边环境保护的实践

1.南锣鼓巷历史街区保护与空间营造

南锣鼓巷是北京最古老的街区之一，具有700多年的历史积累，集聚了其他十六个北京历史胡同，整个古巷被限制在鼓楼东大街与地安东大街之间，宽

8米，长785米。目前，街区已经成了人们吃喝玩乐和外地居民的旅游胜地。作为最受欢迎、最热闹的小吃一条街，街区内除了受大众喜爱的各类特色美食，同时店铺的装修与胡同空间的改造也别有一番韵味。南锣鼓巷作为胡同群中的纵向中轴线，将其他十六个胡同分布在了两侧，这些胡同一部分利用南锣鼓巷的商业契机改造成了商业店铺，另一部分则是居民建筑与部分历史故居，如僧格林沁王府、齐白石故居、茅盾故居等。南锣鼓巷作为连接城市交通的路线之一，后期对其的空间改造与商业植入具有一定的典型性。院落空间的更新以拆除违章建筑与梳理院落空间为主，对临街建筑进行改造并摄入新元素。南锣鼓巷纵向街区的空间营造以商业店面为主，对建筑立面的改造方法比较灵活，基于原有的建筑肌理，融入大量现代时尚元素与色彩，彰显商业氛围，吸引了大量年轻人群体。局部景观空间的设计的软质部分主要以小面积的盆栽为主，作为建筑立面与路面之间的过渡，同时不影响正常的交通，适当的绿化也起到了装饰建筑立面的作用，使普通的灰色系旧砖建筑融合了现代色彩。建筑元素基本都得到了完整的保留，如建筑的屋顶与窗体形式，特别是横向胡同的建筑立面基本保留了窗体的原始结构与色彩。考虑到街区内部的人流量，街区内空间景观除了保留原有的行道树，主要的景观设计基本聚集在了胡同的交叉入口处。

2.南京老门东历史文化街区的更新

该区域位于秦淮区中华门以东，自古以来就是闹市区一条街，后来南京城的扩展使城南一带的城市活力大大降低，老门东的区域环境也受到了严重的破坏。区域内部保留了大部分明清风貌建筑与街区特色，如金陵首富蒋百万的故居、金陵美术馆、城南博物馆等。作为曾经秦淮区最贫困的老民宅区，街区活力与吸引力的提升是空间改造的目标。改造后的老门东历史文化街区重新开发并传承了当地的民俗特色，将这些特色以店铺的形式表现，如自制风筝、竹制品雕刻、剪纸艺术、德云社、布画、提线木偶等民俗工艺，并且开设了大量南京本土传统的特色小吃。大部分区域内部的传统建筑群被保留了下来，对局部建筑周边基础设施进行了统一清理，并结合现代化的装饰艺术与传统纹样、元素等对建筑立面进行整体改造，一些老的质量较好的建筑墙体不做任何改变。建筑群之间的道路由于前期缺乏合理的管理措施损失严重，因此对这些道路进行重新铺设，利用当地的石板材料与青砖，与建筑墙体相统一，在道路的节点摆上几处盆栽与座椅，点缀些南京的特色元素，使整个小巷空间显得更加舒适、幽静。

第二节　古建筑周边环境保护的重要准则

一、古建筑与周边环境结合的价值

（一）历史价值

把城市古建筑及周边的环境相结合，有助于将各种文化遗产，即物质、非物质的文化遗产的精华全方位进行综合，来立体地呈现古建筑所处环境的文化精神风情，反映出当时的社会历史特点。向现代人展示城市古建筑及周边环境文化的复杂，有利于体现出整体的、全方位的历史，是历史价值的综合表现。城市古建筑及周边环境的结合、共生包含多个方面的内容，比如经济文化、建筑民俗、政治军事、科学技术等各个方面，这些错综复杂的方面通过古建筑及周边环境的结合体现得更加生动具体。

（二）艺术价值

艺术价值主要体现在审美方面，对城市古建筑及周边环境而言，主要是通过装饰、造型、色彩、材质等反映出本身的艺术审美价值。城市古建筑及周边环境的艺术价值包含了多个方面，不仅是局限于城市古建筑或者周边环境本身所反映的价值，也涵盖了这些艺术作品在被设计创造、实施建造等过程中，所体现出的人们的传统生活习惯、风俗风貌、审美情趣、技术工艺特点等。对这些宝贵的遗产艺术价值，仅仅通过单一的个体是很难表达完整的，假如只利用城市古建筑单体进行表达，就缺少了周边环境的烘托表现，是一种缺失的表达，反之仅运用城市古建筑周边的环境进行表达也是同样的道理。

（三）文化价值

城市古建筑及周边环境是历史文化的长期积淀的重要成果，在如今看来，这些城市古建筑及周边的环境是以相同物质的空间，来展现不同时空的文化，它所承载的历史文化要想更全面地展现给现代人，就必须要把城市古建筑及周边的环境相结合，因为任何一种文化都不会是孤立存在的个体，都是通过大小不同多种方面来进行反应的。通过两者的相结合，可以表达文化的含义，增添现代城市的文化品质，满足现代人对文化精神层次的更高追求。

（四）经济价值

城市古建筑及周边环境的结合发展，是一种极大的文化财富，它本身就具有巨大的经济价值，如果通过合理利用，会带来更多的经济效益。现存的城市古建筑，正好契合了人们对精神文明的追求，我们可以通过这些宝贵的遗产来体会当时社会祖先们的生活，更进一步地了解我们自己的历史渊源。而利用城市古建筑及周边环境的表达能让现代人的体会更立体化，能变为民众亲身参与、交流、体味的场景，在根本上区别于单一的观赏、展览。将城市古建筑及周边环境进行合理的设计处理后，把它作为人们了解、学习历史的公共城市场所，这对现代人来讲有巨大的吸引力，从而为社会带来丰富的文化经济效益。把城市古建筑及周边环境作为文化资产之一，能够带动地方文化经济的发展，促进旅游经济的进步，是重要的文化资源，有着广阔的发展前景。

二、城市商业区古建筑周边环境的配置原则

（一）真实性原则

对城市商业区古建筑及其周边景观环境进行规划设计时，要秉持真实性的原则。在实施的过程中，以保护古建筑本体为主要目标，同时保护古建筑的真实性、完整性和延续性，但是古建筑本体与周边的景观环境是不可分割的一

个整体，它同样和古建筑本体一样有着宝贵的价值。周边环境的存在见证了在时间的长河中，古建筑所经历的沧海桑田，见证了古建筑每一个时期的真实状态，并在一定的范围内表现出来。如今，现在的人们也可以通过对周边环境的了解更加真实地了解古建筑。所以，在对城市商业区古建筑周边景观环境的配置时应当遵循真实性的原则。

（二）更新再造原则

在经济飞速发展的今天，城市商业区的建设也是如火如荼。尤其是位于古建筑本体周围的许多建筑或设施，老旧得不能满足现代人的生活需要而进行各种改建、新建。在改建、新建的过程中，如果不以古建筑为主，很容易喧宾夺主，破坏古建筑周边的整体风貌。更新再造原则是指在保持城市商业区古建筑周边景观环境整体风貌的前提下，进行适当地更新再造，通过运用新的材料、技术、理念对周围的部分景观元素进行更新再造，使得城市商业区古建筑周边的景观环境与文物本体更加和谐统一，以一种现代的、新的面貌出现在人们眼前。时代在变化，社会在发展，对古建筑及其景观环境的配置原则也需要紧跟时代的步伐。因此在古建筑及其周边景观环境的配置当中，坚持更新再造的原则也是非常重要的。

（三）协调统一原则

仁、义、礼、智、信是中国传统中所说的人们需遵循的五常之道、道德准则和伦理准则。协调、和谐、融合等一直以来都是中国甚至是东方传统文化所倡导的，是中国人心目中潜在的准则。最典型的案例就是中国传统的民居形式——四合院，中国疆域之大，几千年历史如何变迁都没有改变这种居住形式，中国人始终恪守着这种传统的居住观念。在古代封建社会，虽然官民有别、尊卑有序，在建筑的等级上有所区别，但是仍然没有影响到他们的居住形式，都是以四合院文化为准，只是建筑的规模有所区别。即使是到21世纪的今天，虽然封建社会的许多制度早已不存在，但是中国人传统的居住观念还在潜移默化地影响着人们。在古建筑周边的景观环境中，应把历史遗存下来的放在主要的位置，并将新的东西以融合的姿态加入进来。

在城市商业区古建筑周边景观环境的配置中，应当以古建筑本体，以旧的、原生的环境为主，尊重古建筑及其历史环境，新的、后来配置的景观元素应当以在不影响历史环境、以历史环境为主的条件下加入进来。首先，应当强调古建筑本体在城市商业区中的地位，同时对古建筑本体周边一定范围内的景观环境进行保护。其次，为了满足新时代人们对于景观环境使用性的需求，可配置一些新的景观元素来丰富古建筑周边的景观环境，可以在街道、建筑、绿化、各类设施的配置中注意材料、色彩、尺度、形式、风格的恰当应用，在"旧"与"新"之间寻求一种联系。比如在古建筑本体周边的一定范围内控制新建建筑的高度，保护一些历史的元素，如：古树名木、街巷肌理等，使周围公共设施采用与古建筑相协调的元素等。如今，国内外许多这类环境的配置都是采用这种以古建筑及原生环境为主，新的景观要素配置与之协调、统一的原则来进行实际规划设计的。

（四）对比和谐原则

古建筑位于现在城市商业区的环境中，其"古"与"今"的对比是在所难免的。在对古建筑周边的景观环境进行规划与设计时，这也是一个没办法忽略的问题。我们可以正视它们差别的存在，运用恰当的表现方式，将其真实的、客观地表达出来就好。在《威尼斯宪章》中曾经对文物的修复进行了论述，它表示被毁坏的文物我们应当想方设法将其修复，从而达到整体的和谐统一。但是，修复的部分应当明显区别于文物本体，保证文物本体的真实性。这虽然是对某个单体历史遗迹本体而言，但是从中我们也可以解读出来，在城市商业区古建筑本体的周边景观环境当中，我们可以新建、改建周边的许多景观要素，这不是要求我们一味地仿古，做到完全的古色古香，而是虽然运用新的材料、新的技术进行新建或者改建，但是从视觉上给人感觉应该是和谐统一的。因此，对比和谐原则也是在对城市商业区古建筑周边景观环境配置时应当遵循的一个重要原则。

三、古建筑周边环境保护准则的解析

（一）古建筑周边环境保护的真实性与完整性

《实施世界遗产公约操作指南》中对建筑遗产的真实性定义为："列入《世界遗产名录》的文化遗产应符合《世界遗产公约》所说的具有突出的普遍价值的至少一项标准和真实性原则。"以此为基础，1994年11月1日至6日在日本的历史名城奈良召开了"奈良原真性会议"，并通过了《奈良真实性文件》，其中对遗产真实性做了详细解释，其认为"对各种类型和各个历史时期的文化遗产的保护，根植于遗产自身的价值。我们对这些价值的理解能力，部分依赖于用于理解这些价值的信息源的可信性与真实性程度。对这些信息源的认识和理解，与文化遗产原初的和后续的特征有关，是评价遗产原真性所有内容的必要基础。""依据文化遗产的性质及其文化环境，原真性判断会与大量不同类型的信息源的价值相联系。信息源的内容，包括形式与设计、材料与质地、利用与功能、传统与技术、位置与环境、精神与情感，以及其他内部因素和外部因素。对这些信息源的使用，应包括对被检验的文化遗产就特定的艺术、历史、社会和科学角度的一个详尽说明。"

对遗产完整性而言，即最大限度地保证遗产本身和其附属完好并尽可能反映遗产本身的历史和文化意义不受破坏。完整性在于形式和精神两个层次上，具体反映在所处城市、街区环境、建筑材料和构件以及文化概念上的完整。

保持遗产的真实性和完整性不仅仅局限于建筑遗产本身，也包括其周边环境。脱离环境的遗产在很大程度上失去了固有的时代氛围，无法真实地体现其历史的价值和意义，同时，环境也是遗产的一部分，失去环境的遗产也不再是一个完美的整体，这样的建筑遗产也就没有了真实性和完整性可言。这也是建筑遗产异地重建包含争议的原因之一。

（二）历史信息的可读性与延续性

建筑遗产从建成到今天，经历了一个漫长的岁月，可能是几十年，也可能是上百年。这其中的每一段历史都可能会在其中留下印记。所谓的可读性和延续性就是保留这些历史的记忆。这就要求在相关保护和修缮中将新加的构建与历史原物加以区分。举例来说，在19世纪罗马大斗兽场的修复中，建筑师并没有按照"修旧如旧"的方式去完全恢复建筑物本来的面貌，而是特意采用了不同的材料和手法，甚至保留了部分残缺。比如，在将拱券封死对其加固时，并未将开裂的部分复原归位，而是刻意保留了开裂、甚至即将塌落的瞬时位置，由此凝固了历史。"而对比之下，目前中国许多地方的修复只是简单模仿历史遗产。同样，在对建筑遗产周边环境的整治保护过程中，也需要保持对历史信息的可读性和延续性。这种可读性和延续性不仅体现在建筑周边的道路、绿化、小品等物质遗产中，也体现在周边的生活生产方式以及风俗习性等文化要素中。

（三）改造利用的可逆性与延续性

对许多仍在使用中或功能上具有较高利用价值的近现代建筑遗产和周边环境而言，改造和持续利用是不可避免的。从哲学的角度来说，任何事物的发展都不会是一帆风顺的，人类文明发展的过程，就是一个不断认识、不断实践以走向完善的过程。在建筑遗产和周边环境的改造利用中，不可避免地会犯错误和走弯路。这就要求人们在改造利用的时候要注意改造方式的可逆性，即从源头上避免对遗产本体和相关环境造成永久性、不可挽救的损害，尽量使遗产和环境可以最大限度地恢复到改造之前的面貌，这也可以避免经过多次的改造后遗产和环境逐渐丧失其原有历史意义的真实和完整性。同时，这种改造方式上的可逆性也是为了今后可以更好地利用。因为遗产和环境的功能利用并非永恒不变的，今天的利用不能以丧失后代的再利用为代价，可逆的改造方式也为其今后可持续性的利用提供了更灵活的方式。

（四）保护工作的社会性与责任性

在建筑遗产周边环境的保护原则中，社会性主要可以概括为相互联系和制约的三个方面。首先是保护工作的公众参与性。建筑遗产的周边环境作为遗产本体与外界社会生活相互联系和作用的载体，其与周边的社会公众生活有更多的接触点，所以相对遗产本体而言，周边环境的保护需要公众的参与度更高、范围更广；其次是功能上的公共所有性。对建筑遗产的周边环境，特别是近现代建筑遗产的周边环境而言，其功能和形式是不断变换的，但作为全社会的遗产，其所有权最终应该归属于大众，所以在整治和改造中应该考虑遗产本体功能延伸和社会生活的结合，这些反过来又可以提高遗产与环境保护的公众参与度，使其得到更进一步的保护；最后是政府部门的相应的宣传工作。当前中国对近现代建筑，特别是中华人民共和国成立以后近现代建筑保护意识薄弱，而相应周边环境的保护更没有得到重视，这些在很大程度上是因为宣传力度不足导致。由于中国民间建筑遗产保护机构相对较弱，在宣传保护工作中发挥作用较小，所以这一工作主要由政府来完成。而目前政府部门的宣传工作并没有有效地展开，而诸多的法律规章中也没有明确的保护宣传责任的规定，这些反过来又阻碍了遗产和环境保护的公众参与性。

（五）非物质信息的保存与展示

从唯物主义的观点来说，任何物质都会经历产生、发展、衰落和灭亡几个阶段。建筑遗产和其周边环境也是如此。人们很难确切地把握一个遗产或者它的周边环境存在和消失的时间。任何外力，诸如地质灾害、气候变幻、人为的不可预测行为；或是建筑和环境本身的老化和损耗等内力因素都有可能成为这些遗产的生命走向终点的转折。所以，为了防止建筑遗产和环境永远消失在人们的记忆中，非物质历史信息的保存同样重要。中国从古代就有了相关建筑和环境信息保护的工作，比如战国时期的《考工记》和清朝的《四库全书》中都较为详尽地记录了一些建筑的信息，清末时期的《样式雷》更是涵盖了各种建筑类型的选址、规划设计以及施工详情等细节。

如今，随着技术水平的提升，相关建筑遗产测绘、信息采集和整理也得以开展。然而，对这些遗产，特别是近现代建筑而言，它们的周边环境信息的保存并没有得到足够重视。环境并不是永恒不变的，尤其对许多仍在使用中的近现代建筑遗产而言，它们的周边环境可能需要随着本体功能的改变而调整。但是这些消失的环境需要用某些语言保存下来，而随着科技的进步保存的手段和方法也愈加多样和完善，使得过去许多无法实现的情况在今天都成了可能。这些工作不仅仅是为了环境本身，也是为了完善包括建筑遗产本体在内的遗产整体的信息完整性和延续性。

第三节 古建筑周边环境保护内容总结

一、古建筑周边环境的功能界定

（一）礼制类建筑周边环境的功能界定

礼记中有记载："道德仁义，非礼不成。教训正俗，非礼不备。纷争辩诉，非礼不决。君臣、上下、父子、兄弟，非礼不定。宦学事师，非礼不亲。班朝治军，在官行法，非礼威严不行。"我国古典文化中，对于礼制有极其严格的标准，礼制建筑中又以宗庙为主。宗庙的功能又以祭祀为主，祭祀是人对自然、神灵等表示其意向活动的统称。在封建社会时期，对宗庙的祭祀活动是古代帝王最重要的活动之一。宗庙建筑具有其独特的历史意义，是祭祀祭坛的源头。在中国历史中，人们对礼法的讲究及其细腻，太庙就是现存最大的宗庙类建筑。其具有很强的封闭性，四面高墙，这不仅是封建社会中封闭的表现，更是为了给所供奉的神明一个清净的环境。宗庙是古代祭祀的场所，在封建社会人们信奉神明，并将其作为精神支柱，高墙内部种植松树，它的周边环境以简洁安静为主旨是为了渲染宗庙高大宏伟的形象，一个适宜的环境更能表现主体。

（二）宗教古建筑周边环境的功能界定

我国古代出现过多种宗教，其中以佛教、道教、伊斯兰教为代表。宗教类建筑为我们留下了丰富的建筑及艺术遗产。宗教对人的精神起着重要作用，历史发展中它的存在与宗教的理论对人的精神产生了各种各样的控制力，其中，当属佛教在我国发展时间最长、影响最深。东汉初期，佛教正式传入我国，佛教在我国发展的悠久历史中，遗留下许多宝贵的财富。在城市古建筑与周边环境的研究方面，给予了现代人丰富的借鉴经验。比如建于洛阳的白马寺，在《魏书》卷一百十四·释老志中这样描述："自洛中构白马寺，盛饰佛图，画迹甚妙，为四方式，凡宫塔制度，犹依天竺旧状而重构之……"。通过这些描述我们可以知道，当时的寺院布局呈方形，并且以佛塔为中心。这些宗教古建筑的原型为当今的我们重新规划设计城市古建筑及周边的环境提供了良好的借鉴。在此基础上的深入研究更能体现出传统文化的特点并将其发扬，更有利于城市古建筑及周边环境共生性研究的开展。

（三）园林风景环境建筑周边环境功能界定

东方素有热爱自然、崇尚自然的传统，认为人与天地万物都有着密切的联系。在这种思想的影响下，人们都热衷于去探索自然、亲近自然、开发自然。正是在这种情况下，不论中国的园林景观还是园林建筑，都在世界上独树一帜，在艺术上取得了极大的成就。明清时期，园林风景建筑便发展到鼎盛阶段，帝王们的各种活动都在京城附近，所以，当时园林的建造规模比较大，各类设施也都较为全面，例如圆明园、颐和园等。清代的帝苑在功能的分类上大致可认为两种，一种是供帝王居住、召见的场所；一种是供帝王游乐的场所。只有在正确认识特定场所功能的基础上，才能将周边的环境予以正确的配置。园林风景建筑丰富了城市空间，供人们在闲暇时间休闲娱乐，在把握这些功能属性的前提下才能做到城市古建筑与周边环境的良好共生。

（四）住宅与聚落建筑周边环境功能界定

住宅当属最早的一种建筑类型，旧石器时期人类生活主要依靠自然采集或者狩猎，由于当时的生产力低下，这一时期人类的住宅需要随自然环境的变化而进行迁徙，直至原始社会向奴隶社会过渡的时期才出现了固定的居民点，称之为聚落。聚落也根据人们的劳作方式不同产生了分化，主要分为以农业为主的乡村和以手工业为主的城市。随后，由于社会的发展使得人们的生活方式和生活环境都有所改善，住宅也有较明显的变化。总体来说，这些住宅聚落大致有两个特征，其一是以本地的自然环境如地理特征、气候特征、风土人情等来展开不同的方式；其二是以人们的血缘关系为生存的纽带。从原始社会开始，住宅形制的演变、住宅构筑的类型（木构抬梁、竹木构架干阑、砖墙承重、碉楼）等都是属于城市古建筑及周边环境的共生要素，在此方面进行深入了解并应用到相关研究中才能使研究更完善。

（五）城市建设周边环境功能界定

现代城市中遗留的古建筑遗产基本属于古代统治者建立的统治据点，并且反映了当时社会在经济发展、文化思想、科学技术等方面的成就。古代的城市建设中，建筑物大多遵循三种功能要素进行建造，其一是统治机构活动的场所，其二是手工业、商业活动的场所，其三是城市居民居住的场所。虽然古代的城市布局在城市演变过程中发生了很大的变化，但是基本都是遵循这三种要素进行建设。古代在城市建设的模式上，也大致分为三种类型，第一种是城市的新建，也就是在一片新的土地上建造，基本上都是平地起城，这种类型多见于先秦时期，许多诸侯城和王城是这种建造模式；第二种是依靠旧城建造新城，在汉代以后多采用这种建造模式，例如西汉初期长安新城的建设，是在秦咸阳旧城的基础上进行的新建设；第三种模式是在旧城的基础上进行扩建，例如明朝初期的南京和北京，这种建造模式的优点是能充分利用旧城的基础，从而更好地为新城服务，并且在投入的力度上会大大缩减，取得更高的成效。

理清古代的城市建设模式或者建造要素，能更充分地把握城市古建筑的建造动机，从而全面地了解古建筑的功能属性，并在此基础上探索周边环境的构建方法，使两者在功能属性层面达到良好的共生。

二、法律法规与制度建设

（一）保护机构

当前中国对建筑遗产及周边环境的保护工作仅仅由中央及地方各级政府相关的文物部门分别负责。由于建筑遗产周边环境的保护是一个需要众多行政部门共同合作的工作，而中国当前缺少一个明确的建筑遗产保护部门进行专业布置和协调，就导致了规划、土地、文物等部门各自为政，特别是在相关的历史街区、地段的环境保护利用工作中，这种协调显得相当重要。此外，与西方发达国家相比，目前我国在机构建设中还缺少国家和地方的非盈利性的建筑遗产保护机构。与政府部门主要负责的建筑遗产的认定、保护方案的决策和具体的保护修缮工作不同，这些机构主要职责在于建筑遗产保护的宣传、监督和促进政府保护工作的实施和相关法规的完善。而中国目前所面临的建国后近现代建筑保护公众意识缺失、法规不够完善等问题也与这些相关的民间机构发展缓慢有一定的关系。所以，从一定程度上说，相关独立的遗产保护部门的设立和加强民间组织建设是当前我国需要向外国学习的。

（二）资金投入

由于中国的建筑遗产和周边环境的保护工作主要由政府主导，所以其资金费用主要依靠国家的财政拨付。而有关资金的使用又有着诸多问题。首先是资金的总额过少，导致各地建筑遗产和周边环境工作的保护仍以抢险而且以局部抢险为主，这就造成了许多优秀建筑遗产和周边环境的破坏；其次是资金的使用比例。由于资金在申请和使用时主要用于在录的文物保护单位，而在录的建筑文物大部分是一定历史的古建筑，这就使得许多优秀的近现代建筑遗产和环境，特别是建国以后的优秀建筑遗产和周边环境因为资金的短缺而遭到破损和恶化。

相对于西方国家充足的资金注入，中国古建筑遗产及周边环境的保护资金短缺和分配不均一方面是由于国家财政短缺，另一方面却是经济制度和保护机构的原因。与国内的建筑遗产全部国有不同，在国外，有相当一部分建筑遗产是私有的，国家对其状况进行严格的管理控制和经济支持。如日本政府对个人遗产的保护修缮资金承担在70%左右，其余由个人承担，这在一定程度上降低了国家的财政支出。此外，国外还有相关基金会和民间保护团体接受来自社会人士的募捐，这些募捐的资金可以用来填补国家财政支出的空缺。在我们现有制度体制下，这类基金团体的建设是值得借鉴的，并且可以在一定程度上缓解资金的压力。

（三）普查制度

建筑遗产周边环境的保护是离不开遗产本体的，如果遗产本体得不到认可，周边环境的保护就没有了依据，而遗产本体的认定工作离不开普查制度。中国的建筑遗产普查工作主要为自上至下的普查制度，兼以自下至上的推荐制度。首先，行政主管部门发布批次，文物保护单位申报批次；其次，下属职能部门调研并反馈意见，公布初步名单及相关报告；最后，由行政主管部门组织专家评审经争议得出最终结果，并确认该批次的文物保护单位，公布名单。可以看出，在中国，遗产的普查工作几乎由政府部门一手把持和主导，由于普查的频率较低，认定标准的不断变化，以及政府领导指挥认定工作的主观性、延迟性，致使遗产认定和登记的速度一直落后于毁坏的速度。

相对而言，国外的普查工作则较为成熟。以美国为例，美国的建筑遗产认定工作是一个严谨而有效的过程，其是由一个组织，而非政府来完成的。这个组织一般包括地方政府官员、地方规划委员会的成员、建筑师、当地历史学家、土地开发商和本地居民等。在认定过程中，每个月都要有固定时间的会议、实地考察等集体活动，并做出推荐和建议。之后再经过一系列的探讨工作和详细部署来决定授予称号，从头至尾，起主导所用的是委员会这个代表各方利益并且相对专业的组织。相比较下，目前中国的普查工作不只是制度上需要完善，也需要更多精力和资源的投入。

三、实现古建筑空间结构上的保护与更新

（一）延续城市区域肌理

从城市规划来讲，是整个城市的平面形态与结构；从微观尺度来讲，是空间环境场所。城市肌理的演变受到自然、经济、政策三方面的共同影响。地区肌理是建立在城市结构之上的再次划分，这种划分是根据所在区域自身特征结合城市环境共同作用的结果，具有重要的历史意义。

比如西安明城区的肌理是明清时期在唐长安城的基础上发展起来的，在近现代受到工业化的冲击和现代主义的影响，形成了现在不同年代不同风格建筑并存、不同尺度不同模式的街区交融的空间城市肌理。其最具代表性的棋盘式路网肌理是西安古城的特色肌理。因此，探索或更新设计一个城市的历史建筑环境时，必须尊重特定地区的特定肌理。

随着城市的动态发展，通过长期分段的规划与地貌特征、周边环境、历史文明共同作用产生了结果——城市肌理。肌理的演变与城市历史文明发展有着千丝万缕的联系。比如巴塞罗那历史上就经历过几次大的城市规划行动，现如今的城市街道井井有条，城市建筑群就像四合院一样，每一个建筑都不是单个

存在的，建筑与建筑之间会根据不同的功能与类型被组合在一个方形区域，这种区域就像城市的一个母细胞，而城市就是由无数个这样被复制的细胞组成，均匀洒落在城市的每一个角落。因此，在每一个区域的历史建筑环境被更新与设计的同时，都会从周边区域的细胞肌理出发，对环境与空间类型的定位做出重要的筛选。再如荷兰阿姆斯特丹，在700年前的渔村有荷兰人筑起水坝的那一瞬间，如今形成一个国际大都市。全市共有160多条大小水道，由1000余座桥梁相连、桥梁交错、河渠纵横。整个城市肌理就像一个大的蜘蛛网。城市的水路、水坝、港口、桥梁成了城市历史文明发展留下的宝贵财富。在水路与桥梁的共同限制下，当城市、人口扩张时，既不破坏原有的城市肌理，又同时满足城市未来的发展，既保留城市本体最有魅力的历史文明，又同时发展城市新动力，是这座城市独有的城市结晶。

（二）视线控制

在周边环境对近现代建筑的保护中，景观视线的控制是最直接的保护与介入手段之一。历史建筑是静态的，行人是动态的。由于历史建筑具有一定的体量与长度，行人在还没有进入建筑时，早已与建筑发生了关系。视线感官直接影响建筑周边的空间感受。那么，对景观视线的控制有以下几种方法：

第一，绿化隔离。绿化分为点状、带状、片状，对类型的定位根据历史建筑体量与周边环境（硬质、空地面积）而定。绿化隔离即紧挨建筑本体设置适当的软值区域，是对建筑本体保护的最直接的方法之一，但其隔离性也是最强的。在古建筑群密度大的区域，采用绿化隔离的措施，一方面衬托出历史建筑处于主体的位置，另一方面也节省了用地范围，缓解用地紧张的矛盾。植物的介入与增加，对历史建筑周边环境的改善也能起到很好的调节作用。除此之外，不同的植物与历史建筑的搭配也有着不同的寓意，而植物本身也蕴藏着不同的寓意，比如松树与柏树可以代表不朽的革命精神。

第二，视觉引流。在范围较大的区域，或是历史遗址坐落位置比较隐藏的区域，视觉引导会起到很好的导向作用与教育作用。历史建筑的显隐性根据具体地段而有所不同。如导向牌、特色铺装、植被栽植等多种方式都可强调并引导人流，在视线与节点上会起到很好的铺垫，或是循序渐进，或是跳跃式浏览。节点与节点之间也会有主次之分，因此建筑周边环境也需焦点视觉的设置。如建筑入口采用强调、对称、引导等构图方式。建筑外立面的某特色空间采用半包围的方式，或是借助其他景观要素进行文化渲染等。

（三）环境清理

随着城市的发展，一些古建筑本体周边的环境并没有得到正确的保留与更新。特别是一些类别与功能多样性、密度大的建筑群会对整体环境造成极大的影响，使这些古建筑环境慢慢失去应有的价值。在这些建筑附近常常伴随不同功能的建筑、室外设施、绿化等作为周边配套设施。清理环境也就是对周边不和谐的环境进行割除、整理、统一、升级，最后达到建筑与环境之间的和谐。在清理、拆除的过程中，可能会因为城市管网、基本功能等原因无法触碰，对无法进行拆除的建筑或构筑物，在不影响环境规划范围的条件下，应采用本体包装或物质介入进行遮挡，弱化不和谐因素，使整体环境达到统一。

第四节　古建筑周围环境整治的路径

一、确立古建筑保护区的范围

（一）对古建筑"小环境"的界定

关于古建筑"小环境"，一般是指具有历史意义的部分，或可以通过自身意义正面反应古建筑历史意义的部分，也可以说，其本身是具有历史保护价值的环境部分，或者说其在某种意义上属于古建筑本体或古建筑本体的"内部环境"。由于其本身也是古建筑的一部分或古建筑的边缘体，所以在范围界定中与古建筑本体有些相似的地方。通常可以从历史价值、文化价值、艺术价值以及研究价值等几个方面入手，对其目前是否具有一定的保护意义或具有一定的保护潜在价值来考核。就具体的构成范围来说，可以将这种"小环境"分为以下几种构成部分：第一，古建筑周边具有一定综合历史保护价值的附属构筑物，如具有历史意义的广场、柱子、路灯、部分道路和古建筑附带建筑小品等；第二，处于古建筑周边，对古建筑本体的保护工作、艺术和美观性，特别是历史价值的体现具有积极意义的构筑物、小品和绿化等；第三，古建筑或古建筑群内影响其空间格局的庭院或中庭空间；第四，古建筑周边和古建筑本体密切相关的传统文化、习俗和生产生活方式。

以上是对大多数古建筑的共性而总结的构成结构，在实际的界定中，应该抓住两点：一是这部分环境是不是能够积极地反映古建筑本体的历史意义；二是这部分环境是不是需要保护。

（二）对古建筑"大环境"的界定

就广义的周边环境，即古建筑周边的"大环境"而言，这样是远远不够的。有关"大环境"的保护和整治范围，通常可以根据其距离的远近和重要性划分出几个层次的概念范围。在《中华人民共和国文物保护法》中关于不可移动文物的周边用地建设的描述认为，在文物保护单位的周围应划出一定的建设控制地带，并予以公布。在相关的建设控制地带内进行城市建设时，不得对相关的历史遗产风貌造成破坏，不得建设可以污染遗产和周边环境的设施，不得进行可能损害文物保护单位及其环境安全的活动，并对污染的设施予以限期治理。此外，相关施工方案需要经过文物行政部门同意和城乡建设规划部门批准才能实施。对一些相当重要的历史地段的规划设计，在建设控制区之外需要设立风貌协调区域，作为这一历史风貌区域和现代城市区域之间的过渡。这样就形成了遗产本体→保护区→建设控制区→风貌协调区四个层次的保护体系。其中保护区，有些部分就是我们所说的具有历史意义的周边环境。而建设控制区和风貌协调区的规划设计和建设都在广义的周边环境保护范畴之内。同时，根据距离和相互联系的密切程度又可进一步划分为"周围环境"和"外围环境"，具体的范围要根据周边环境的状况确定。

二、古建筑文化内涵的提炼

在确定了设计策略，明确了设计原则的前提下，针对城市古建筑的周边环境进行设计前，首先需要我们挖掘文化内涵，提炼文化元素，从而更好地应用到设计中。城市古建筑是文化的载体，是历史的传承，城市古建筑与周边环境互相融合就是要求我们最大限度地挖掘城市古建筑的文化内涵并提炼其文化元素应用到设计中。

（一）挖掘不同的历史文化内涵

不同时期、不同地域、不同城市古建筑都有其不同的历史文化意义。我们在设计的前提下应首先挖掘历史文脉，将城市古建筑的历史文化与现代设计结合。历史文化是城市古建筑发展传承的主要特质，只有深入文化根源，寻求文化本质才能更好地利用到设计中，让周边环境与城市古建筑在文化上有统一的共识。这样周边环境才能延续文化、传承文化、表达文化。中国文化传承千年，城市古建筑之所以被称为文化的积淀，是因为它在历史的演化过程中保留了一个特定时期的文化艺术以及人对世界万物的理解，通过它的建筑形式材质以及功能可以了解到古建筑的方方面面。文化会随着时间的变迁不被我们熟知，但古建筑恰好记录了特定时期的特有文化，所以保存下来的古建筑是一本不朽的史书。挖掘文化有利于我们将文化植根于设计，达到文化共生的基本要求。

（二）提炼文化元素

挖掘文化内涵就是提炼文化元素的过程，在我们对当地历史文脉有深入了解后就可以提炼城市古建筑所在地的历史文化元素。文化元素可以是具有代表性的建筑形式，包括从古至今具有代表性的历史纹样，因某一史实而形成的特殊形象，民俗生产中人们的巧妙构思或是宗教信仰等。文化元素将为设计插上翅膀，为城市古建筑的周边环境加入典型的文化内涵。

总之，研究地方通史，了解地方神话典故，了解民俗，提炼文化元素是层层递进的关系，它要求设计师不仅要具有独特设计构思的眼光，更要求设计师在文化素养上有一个深入的理解。只有一丝不苟地弄清历史的发展，以及城市古建筑的文化内涵，才能更好地提炼文化元素，将文化元素融入城市古建筑的周边环境，可以让周边环境与城市古建筑结合得更加紧凑、密切。归根结底，文化元素在城市古建筑及周边环境的共生中起着承接的作用，现代城市环境同城市古建筑之所以互不理解主要原因就在于周边环境并没有将古建筑历史元素融入周边环境的设计中。

三、重视生活文化元素的保护

在具体的环境保护和整治工作中，首先要了解古建筑的周边环境构成。古建筑周边环境构成要素分为物质性和非物质性两大类。具体来说，物质性要素又可以分为自然存在部分（山地、平原、高原、水域、树林等）和人类活动部分（道路、绿化、广场、灯光、小品以及周边建筑、桥梁、农田等）；非物质性要素又包括感官要素（肌理、尺度、光线、色彩、声音、风和小气候等）和生活文化性要素（生活、生产以及传统、风俗等）。

　　目前中国对古建筑周边环境的保护和整治工作的某些部分已经得到重视，如对相应自然环境的保护、清洁和美化；对周边不协调建筑和构筑物（如广告牌、电线杆等）的拆除和整理、对广场、道路和建筑小品等的修复、风格重塑；对相应感官要素的治理，如控制相关街区和建筑尺度感，把握光和风的角度方向，控制消除噪音等。但就生活文化要素的保护治理工作而言，往往仅限于对古镇、古村落的生活、生产方式以及风俗传统的延续，而这往往伴随着旅游开发的需求。

　　如果将生活和文化要素这一点具体到古建筑周边环境的保护中，特别是近代古建筑周边环境的保护中，并不容易找到契合点。对这些建成仅仅上百年甚至几十年的遗产而言，似乎很难说它们包含着历史的风俗文明。而大多数情况下其周边的生活和生产方式也与今天无二，通常可以把它归纳为习惯，但是却很难称之为习俗。文化是一个笼统的概念，它不仅仅是一个历史现象，同时也是社会现象，是人们长期创造形成的产物。这些建筑周围生活和生产的方式是繁杂多样的，几乎每一座建筑周边的生活都在按自己的方式在演进。一般情况下很难判断它们的走向，可以做的首先是摒弃那些不利于文明进步的方式和习惯，同时对周边的生活和生产方式向规范化和合理化引导。其次，对建筑周边，特别是现代建筑周边而言，其存在期间附带的社会文明大多数可能是这座建筑功能的衍生。举个简单的例子，一座体育建筑的周围往往伴随着体育文化，大到体育赛事的进行，小到居民的健身和体育器械、服装的零售。这就给予了大家对大体方向的把握而避免走向杂乱无章。这对古建筑，特别是近现代古建筑周边生活和文化要素地域性和标志性的发展有一定的引导和借鉴意义。

第五章 古建筑的防火现状分析

随着社会的发展，各地对古建筑资源越发地重视，积极推进古建筑的保护和利用，开发旅游资源。但是，古建筑的重新修缮和保护，国内外游客数量的大量增加给古建筑带来了很大的火灾隐患。这些潜在的威胁时刻都有可能爆发，给人民的生命和文化遗产带来巨大威胁，古建筑的文物特性使其具有不可复制性，一旦发生火灾其损失将是无法弥补的。无论从人民生命财产安全方面考虑还是从历史文化传承等方面考虑，古建筑防火都具有很深的时代意义和现实意义，对这方面的研究刻不容缓。

第一节 古建筑的防火难点

建筑作为人类生存发展的必备条件之一，为人类的生存和繁衍提供了最基本的安全保障，使得人类免于受到自然环境和野兽的侵扰。在人类发展的各个时期，建筑物也有着各自时代的独特烙印，是各个时代的经济、文化、科技水平的重要体现。中国古建筑作为中华民族5000年文明历史遗留下来的宝贵财产，其历史意义、文化意义和社会意义是无法估量的。古人在古建筑中长期积淀下来的勤劳与智慧，是研究古代社会经济、宗教、文化的重要窗口。我国的古建筑多采用以木架为主的结构方式，创造了与这种结构相适应的各种样式。这种结构主要是用木梁、木柱搭建起一个木的结构框架，然后采用其他的材料作为围护结构。

一、古建筑的布局、形式、用材、选址特点

（一）布局特征——闭、密、叠

中国古建筑的建筑布局，呈现为闭、密、叠的特征。闭，表现为以封闭的庭院设计居多；密，表现为以建筑群体组合居多；叠，表现为以单体建筑的三重九叠和群体建筑的层出叠见居多。

我国的木构架建筑变化很多，单体建筑有殿、堂、厅、轩、楼、阁、塔亭等。由这些单体建筑组成庭院，然后以庭院为单元，构成各种形式的建筑群体。在布局手法上，一般采用均衡对称的方式，沿着纵轴与横轴布局。比如"四合院"建筑如图5-1所示。还有大规模的对称布局建筑群，比如北京故宫。还有组团的城堡式院落。比如曾是清朝中期到民国初年显赫全国的富商巨贾的住宅，位于山西祁县东观镇的"乔家大院"，如图5-2所示，始建于清乾隆二十年（公元1756年），大院四周是十几米高的青砖墙，上面是女儿墙

式的垛口，四周有角楼。占地10642平方米，共有6个大院，20个小院，313间房屋。

图5-1　四合院古建筑

图5-2　乔家大院

屋顶特点：单体建筑在外观上可分为台基、屋身和屋顶三部分。其中屋顶是我国建筑中最有代表性和特色的部分。我国古建筑首先采用大出檐来防雨，但是大出檐影响采光，从汉代起，就出现了微微上翘的屋檐，以后又出现了屋角反翘和屋面举折的结构做法。这种大屋顶，成为我国建筑的又一特点，如图5-3所示。

古建筑院落式、套院式的布局方式，形成独特建造格式，产生令人回味的审美情趣，或幽深庄重之壮美，或移步换景之婉约。可是从防火的角度来看，此种布局方式却有很大隐患。

庭院中厅堂廊坊相互连通，缺少防火分隔和安全空间，一旦起火，容易通过直接延烧、热辐射、飞火等方式蔓延和扩散，廊坊就成了火灾蔓延之道。如故宫中的三大殿，历史上最严重的一次火灾发生在公元1557年，先是奉天殿（太和殿的前身）雷击起火，后火势蔓延一共烧毁了19座殿、阁、楼、门等建筑。之所以出现这样大面积的延烧，除三大殿之间防火间距太小外，重要原因

图5-3 我国古建筑屋顶

之一，就是在主要建筑之间有廊坊、配殿相连所致。庭院相连、对外封闭的布局形式，也不利于消防人员到达并进入火场进行扑救。密集的古建筑群体组合，很容易引起毗连建造的建筑群火烧连营。古建筑的错落重叠的布局，一方面形成助燃构势，另一方面增添了扑救难度。

古建筑的布局特征带来诸多防火问题，封闭的建筑设计，使各个庭院间、每个庭院内未设置必要的防火分区和防火分隔；密集的建筑组群，也无防火间距或间距过窄；层叠的建筑布局，消防救援面临消防通道蜿蜒崎岖、高低不平及不易靠近建筑物体的困难，可以说古建筑的布局特征，决定了古建筑失火后的速燃性及火灾扑救工作的难度。

（二）结构形式的特征——方、正、匀

古建筑结构形式遵循儒家学说的"天人合一"的哲学思想及"天圆地方"的认识理念。结构特点体现为：整体形式取方形，坐北朝南，结构分配多以中轴对称，无论皇宫大殿、民居四合院，还是单体建筑的自身结构，也常常可以一分为二、左右相同，以匀称为美。在庭院布局中，基本上采用"四合院"和"廊院"两种形式。"四合院"形式将主要建筑布置在中轴线上，两侧布置次要建筑，由屋宇、回廊、围墙组成一个封闭的庭院；"廊院"形式比较灵活，主要建筑和次要建筑都布置在中轴线上，在两侧布置回廊，通过回廊把所有的建筑连起来，这种布局与四合院比起来，火灾危险性更大，回廊往往就是火之通道。

古建筑的结构造型主要表现为，垂直方向自下而上由三部分组成——台基、柱子和屋顶。古建筑台基一般都较高，这样可以增加建筑的高度，更有利烘托了建筑雄伟、高大的气势。柱子多为木构，室内室外均有，为承重构件，从屋顶一贯而下，气势如虹。这种垂直造型的最大特点是大屋檐屋顶，结构复杂，屋顶一般由梁、枋、檩、椽、斗拱、望板等组成，约占立面造型的三分之一，并有房殿、歇山、硬山、攒尖、卷棚等不同形式。尤其是建筑群，一座座殿堂庙宇、方方正正、紧密相连，表达了封建等级独特的建筑语言。

这种方、正、匀的传统结构形式特点，有很高的美学价值。但是也具有结

构上的消防缺憾。

从整个古建筑的室内来看，大多以木柱为基础，柱上架木梁，梁上立瓜柱，瓜柱上再搭梁，形成一组木构架，两组木构架之间，采用檩、枋联结，檩上再设椽子，好似一座堆积成山的木堆垛。室内帐幔幡幢、油漆彩绘、经书佛文等似内部起火的引柴，柱是侧向的骨架，梁、枋、檩、椽是顶部的烧柴，每个建筑就形同架好的木堆垛，一旦失火，火烧连营的局面将在霎时间发生。因此，古建筑失火，往往是顷刻之间化为灰烬，损失常常十分惨重。

古建筑的这种内、外部对称性的结构形式，决定了古建筑结构的一体性特点，木结构联结构件一旦散落或失去作用，结构整体即遭严重破坏，甚至是毁灭性的破坏。正是这种结构形式，奠定了古建筑容易发生火灾的物质基础，表现出发生火灾的一体性和火灾后果严重的特性。一般来讲不规则、非对称的结构形式在一定程度上可以淡化整体契合，在火灾面前利于整体的保护。

（三）用材的特征——砖、木、漆

古建筑材料的选用范围不广，以石、砖、木为主体，石不多用，且以石基为主。以砖、木为主打材料。装饰材料以油漆为主。石、砖为难燃材料，木、漆为易燃材料。因此，古建筑多为木及砖木结构体系，耐火等级很低。

1.古建筑的木材用量非常大

古建筑的木材用量非常大，古建筑的平均木材量为每平方米使用$1m^3$木材，而现代建筑则要求木材$\leq 20kg/m^2$的火灾负荷量，如以$630kg/m^3$木材算，现代建筑中木材用量为$0.03m^3/m^2$。对比之下，古建筑的平均火灾负荷量是现代建筑的33倍。由此可知，古建筑火灾的危险性有多大。

2.木及砖木结构耐火等级低

按照现行的国家规范进行划分，大多数古建筑耐火等级为三、四级。但是一些国家级建筑，如山西应县佛宫寺释迦塔、魏村牛王庙元代戏台等均为木质结构，其耐火等级甚至低于四级，稍有不慎就会引发火灾。耐火等级低成为古建筑保护的最大难题。

3.木质干燥含水量低，火险更大

施工使用的新木材，含水量一般在60%左右。经长期自然干燥的木材，含水量一般稳定在12%～18%。古建筑中的木材，经过多年的干燥，成了全干材。而且古建筑在建造时偏好选用含油脂较多的柏、杉、松、樟、楠木等优质木材。如普通松木重597 kg/m^3，楠木重904 kg/m^3，在古建筑中，大体上需要木材为1 m^3/m^2，"故宫太和殿的火灾负荷量就要翻一番，为62倍；应县佛宫寺释迦塔的火灾负荷量就更大了，为现代建筑的148倍。"

4.燃烧速度快，轰燃现象出现迅速

古建筑"如用松木做成的柱、梁、檩等，在发生火灾时的燃烧速度为2 cm/min。由此推算，木构架建筑在起火以后，如果在15～20分钟内得不到有效施救，就会出现大面积燃烧，温度高达800～1000℃"。古建筑中的木材，由于油脂较多和长期的干燥及自然的侵蚀，往往出现许多裂缝，有的大圆柱并不是完整的原木，而是用几根木料拼接而成的，外面裹以麻布，再涂以漆料。发生火灾时，由于麻布、漆料等易燃品在木材的表面附着，火种得以迅速蔓延，木材的裂缝和拼接的缝隙，则是火势向纵深发展的途径，燃烧速度显得非常之快。此外，古建筑的开间面阔以7~9米为多，因此，当火灾发生时，由于开间面阔氧气供应充足，燃烧速度也是相当惊人的，再加上古建筑屋顶巨大而坚实，屋顶内部没有天窗设置，烟雾热气不易失散，发生火灾后，温度容易积聚并迅速升高，当室内温度升高到500~600℃时，便会导致轰燃现象的出现。

5.烟雾生成量大，扑救难度大

"1公斤木材燃烧时生成20 m³烟雾，体积相当于木材体积的300倍。一座1000 m²的大殿，如有20 kg木材燃烧，五分钟内，整个大堂将会充满烟雾"。烟雾充斥于古建筑内部，致使室内温度很高，气味很呛，能见度很低，人员很难进入，破拆手段很难施展，扑救难度非常大。由于古建筑所使用的建筑材料，属于易燃物品的特征，决定了古建筑的易燃性和防火保护的不易性。

（四）建造选址的特征——远、偏、高

古建筑选址远、偏、高的特征，受到地理环境及位置、距离、高度的制约，消防水源使用不便，消防车辆难以通行，给及时扑救带来困难。即使坐落于城区的古建筑，由于历史的原因，也大都被大片民居包围。如太原的崇善寺，它与周围的建筑仅一墙之隔，防火间距不足，给古建筑防火造成严重威胁。古建筑大多建于高台之上，又有大红墙包围，道路狭窄弯曲，门槛台阶重重，消防队很难到达火灾现场，即使到达，由于没有足够的消防装备设施和水源，扑救的难度也相当大。而且古建筑许多殿堂内净高在10m以上，屋顶高度远远超过现代建筑标准。再者，地势有高差，一般消防车充实水柱的射流难以到达着火点，灭火效果差。

空旷之地，四面通风，风助火势，火借风威，古建筑起火，在很多情况下往往只能眼睁睁看着火灾肆虐发展。可以说，木及砖木结构的古建筑由于自身的选址远、偏、高的特征，决定了其火灾发生的复杂性和消防救援的特殊性。

二、中国古建筑选择木结构的原因

我国在3000多年以前就形成了以木构架为主要结构、以封闭的院落为基本布置方式的独特风格的古建筑。

（一）自然资源决定建筑形式

纵观中华民族的发展史，不难发现，中华民族是伴随着木材的应用而不断发展壮大的。建筑和应用在其他形式的物品多数取材于木材，建筑上的各种技法也同样可以应用到其他物品上去，比如：船、马车、家具、轿子等。它们所运用的设计和技法与建筑都是相通的，只不过是转变了形式。这是西方运用石材建造的建筑所无法比拟的。

在我国现存的众多古建筑中，占比重最多的就是木构架结构和砖木结构的古建筑，譬如山西应县佛宫寺，它是世界上高度最高的木结构古建筑，总高度达67.31 m（米）；北京故宫被公认为是世界上现存最大的古建筑群，其规模宏大，建造技艺巧夺天工，是突显我国古代文明的重要代表之作。中国古建筑从用料上就体现出了人与自然的和谐统一。

黄河流域是我国民族文化的摇篮，我们的祖先是在这里发展起来的，然后再向四处发展，黄河中下游一带地区森林资源丰富，盛产木材，木材也就成了构筑房屋的主要材料。在古代，一个国家的建筑选择什么样的材料为主要建筑材料同其地理环境有密切关系，比如发源于尼罗河流域的古埃及，由于缺少良好的建筑材料，只能使用石材来建造建筑。

（二）木结构建筑的优势

1.取材简单

木结构建筑不仅可以就地取材，而且比较容易加工。古代用简单的工具去伐木、断木和削木，要比去开采、加工石料容易得多。可以比较经济地解决材料的供应问题。在科技并不发达的古代，古人缺少工具对原材料进行加工，而木材恰恰是易于加工处理的，且形状规整，便于砍伐，相对于石材也更加能够满足中国人的审美需要。

2.适应性强

我国幅员辽阔，横跨了三个时区和亚寒带、温带、亚热带三个气候区域，自然条件复杂，南北气候差异较大。木材是一种随处可得的材料，采用木质结构进行房屋建设只需要进行建筑形式上的改变，诸如：北方房屋可以进行涂泥保暖、南方房屋可以增加窗扇数量、朝向等变化，就可以适应当地不同的气候要求。

3.结构灵活

木结构体系具有高度的灵活性，能够满足各种不同功能要求和艺术要求的建筑需要。大到宫殿、寺庙，小至园林的亭、楼和民居，以及高塔、桥梁等，都可以灵活运用。这是因为木结构的承重与围护结构分工明确。特别是抬梁式木构架结构，同现在的框架结构相似，在平面可以形成方形或者长方形的柱网。柱网之外围，可在柱与柱之间，按需要砌墙壁、装门窗。由于墙壁不承担承重作用，这就给建筑物带来了极大的灵活性，既可以做成各种门窗大小不同的房屋，也可以做成四面通风、有顶无墙的凉亭，还可以做成密闭的仓库。在房屋内部各柱之间，则采用福扇、板壁等做成轻便的隔断物，也可根据需要装设拆除，因而具有较强的生命力。

木结构体系具有优越的抗震性能。我国是一个地震多发的国家，由于木材本身具有良好的韧性特点，而木结构的节点所采用的斗拱和榫卯结构又都有若干伸缩的余地，特别是构架的成组斗拱，是由纵横构件搭建起来的弹性节点，在地震时，每组斗拱就好像一个大弹簧，能够抵消一部分地震的能量。木结构通过榫卯结合还能使整个构架具有较好的整体性，又具有一定的整体刚度。因而在一定的限度内，可以减少地震对构架的危害，起到抗震的作用。1976年唐山大地震时，蓟县地震强度达到八级，坐落于此的独乐寺完整无损，而周围的现代建筑大多倒塌。1000多年来独乐寺观音阁经历了无数次地震的冲击，依然屹立不倒。

（三）木结构建筑难以保存的原因

中国是四大文明古国之一，5000多年的沧桑历史中，由于战争、火灾以及自然灾害等原因，很多古建筑遭到毁灭或毁坏，难以保存。阿房一炬，灰飞烟灭；汉唐宫阙，终归于尘……无一不在诉说古建筑的厄运。最早的木结构建筑是山西省五台山的南禅寺，建于唐德宗建中三年，至今不过1200多年。总之，中国历史上有文字记载的建筑中能够保留下来的比例极低。

1.先天不足

古建筑构造材料多以木构架和砖木结构为主，只有柱基、门槛、台阶等少数部位采用石材。而在古代建造条件下，木材很难得到防腐、防蚀、防火等处理，由于其诸多天性弊端，造成了古建筑难以保存的先天根源。

2.传承

我国木构架古建筑历史悠久，世代相传，既已形成传统，就很难改变。即使地理环境已经改变，人们也会按照原来的方式行事。到明清两代，在北京一带建造或修理宫殿陵墓寺庙时，尽管北方已经没有合适的木材可以采伐，还是会不惜代价地从四川、云南等地运来巨大的木材，以维持长期沿用的木结构建筑。土木或者砖木结构的建筑虽然解决了中国数千年来的居住问题，却也使得中国这片土地付出了沉重的代价，多数地区的森林被砍伐殆尽。

3.木结构耐火性能差

木结构建筑经不起火灾。在我国历史上，每一个王朝被推翻时，胜利的一方总是要放一把火，以图"破旧立新"，借此消除前朝的影响。还有败退的一方为了泄愤，在撤出皇宫时也要烧一把火。这是我国历代皇宫未能保存下来的重要原因。项羽放火焚烧阿房宫，大火三月不灭就是著名的案例。

我国木结构建筑虽有许多的优点，但是木结构建筑并非完美无缺，其最大缺点在于木构架结构的材料是有机可燃物，不仅容易发生火灾，而且不耐风雨、虫鼠的自然侵蚀。这两个方面的弱点是致命的，是造成我国没有更古、更多的古建筑的重要原因。

古建筑是中国古代科技、文化、艺术的最直接体现，是中国最重要的文化遗产、也是中国民族文化和民族精神的重要体现方式之一，从建筑形式上就可以体现一个民族的底蕴、信仰。中华民族沉稳、内敛，做事追求精益求精的性格在古建筑中得到了充分的体现，也是世界认识中国的一个重要途径。古建筑一旦发生火灾就将造成巨大的社会影响，因此，预防和扑救火灾十分重要，但在这之前，我们必须掌握古建筑火灾的特点及规律。

三、古建筑的火灾特点

（一）火灾成因复杂

古建筑火灾往往受到多方面的影响，建筑本身存在许多问题，缝隙多、空间大、表面积大、材料耐火等级低等。此外，古建筑受地域环境影响大，消防用水难以保障、周边环境复杂难以靠近等，不论是深宅大院，还是远山古刹都给火灾的救援工作带来了非常大的问题。

古建筑的起火原因主要分为古建筑本身原因、周边环境因素、管理因素。细分之下有：第一，电气线路。古建筑内的电气线路大多数是在20世纪五六十年代铺设的，至今已有半个世纪的时间。绝大部分线路在可燃材料上着附，有的线路已经严重老化，而且还未采取穿管保护等措施。乱拉乱搭电线，违章使用大功率用电设备的现象还较为普遍；第二，生活用火。古建筑中的部分僧舍及办公用房或居民住房距离殿堂过近，防火间距不足。由于炊事及冬季取暖用火主要使用煤炉，很多铁皮烟囱直接沿可燃建筑构件铺设，建筑墙体及构件上有明显的烟熏火烤的痕迹，煤、柴等物的堆放也紧靠殿堂，存在重大的火灾隐患；第三，游人吸烟、敬香。烧香拜佛历史悠久，尤其自改革开放以来，古文化遗产的开发进度非常之快。古建筑旅游胜地，在带来巨大经济效益的同时，但也存在负面效应。虽然古建筑都制定了完备的安全制度，但旅游人员带来火源如烟头等，极易造成火灾事故。遇到节假日、旅游高峰时人流量大，比如：平遥古城庙会人流量就曾达到十几万。庆典时，烧香拜佛，云雾缭绕，烟花爆竹，肆意燃放，未灭烟头，随地乱扔，随时都有发生火灾的危险。

古建筑本身既是文物，又是文物保护的承载主体，其本身与所陈列的文物紧密不可分割。一旦古建筑发生火灾，主体受到损失，其保存的大量文物、典籍、字画、家具、佛像等都会受到致命打击。这不仅会造成重大的经济损失，而且造成的精神损失也是无法估量的，历史研究价值更加无法得到弥补。

（二）火灾荷载大，耐火等级低，预防困难

由于历史的传承，中国古建筑的结构形式主要是木结构或是砖木结构，这就造成了古建筑的主要材料是木材，经过千百年的风吹日晒，早已脱水形成"干柴"极易被点燃。古建筑的建材近乎于绝对干材，并且中国古建筑自古就有在表面进行涂漆、彩绘的传统，木材长期暴露在开放环境中也会造成表面的疏松，这无疑加剧了木材的易燃性。此外，古建筑内部存放使用的物品无一不是易燃物品，如家具、经书、字画等，这些因素叠加形成了火灾荷载大的特点。同时，古建筑发生火灾后木材受热碳化，产生大量烟雾和有毒气体。一些地处城市的古建筑由于周边被层层包围造成烟气更加难以消散，使得火场能见度降低，增加了人员疏散、救援人员进入火场内部救援的困难。

另外，自改革开放以来，人们物质条件的不断优越使得人们对物质、精神层面的需求越来越高。游览各地名胜古迹成了人们在工作之余的重要活动。为了满足越来越多的游人的需求，各文物保护单位大肆开发古建筑的旅游功能，焚香祭祀、销售纪念品、提供餐饮住宿、兴建游乐设施等纷纷出现。

古建筑作为目前人们祭祀、游玩的重要场所，在每年的节假日、庙会、祭祖时将会出现人流量暴增的情况，而古建筑往往山高、道窄，一旦发生火灾人员瞬时疏散压力大。一旦疏散不及时人员伤亡情况巨大，极易发生群体性踩踏事件。

（三）消防设备落后，消防用水难以保障

由于种种原因，各地古建筑消防设施质量良莠不齐，缺少统一的规范要求，是否配备完善主要靠所在地主管部门的财政情况和重视程度。各地古建筑的消防设施主要还停留在使用便携式灭火器等小型器材上，严重落后于实际需要。此外，由于众多古建筑远离城市、地处偏远，消防用水难以保障，一些古建筑没有室外消火栓设施和专用的消防水池，一旦发生火灾缺少自救能力。此

外，古建筑在建设时无法考虑到现代消防救援设施的需求，往往门窄、槛高、院深巷窄。这就使得现代大型消防车辆难以进入到古建筑内部进行扑救。此外，由于古建筑发生火灾后烟气和热辐射的大量产生，救援人员难以接近古建筑进行扑救，造成了有水难攻的现象。

（四）权责不明，用途复杂，管理困难

由于历史遗留问题，有些古建筑在战争年代和在社会发展过程中产生的一些占用行为，作为使用方和保护方权责不明。这就导致了管理上的盲点，存在互相推卸责任、不严格执行相关防火要求的现象。在管理上也存在着市政部门与文物保护部门之间各扫门前雪的现象，没有形成有效的联合机制，在旅游事业进行得如火如荼之际，旅游部门和文物保护部门在旅游开发和文物保护工作方面也往往容易出现分歧。

四、古建筑火灾的危险性

（一）炉膛效应

古建筑火灾证明古建筑起火后，犹如在炉膛里架满了干柴，熊熊燃烧，难以控制，往往直到烧完为止。这种现象是由下列几种因素造成的。

1.结构影响

中国古建筑的结构形式是由梁、柱进行支承，四周由木料制成门窗，由木墙进行围合，配合结构复杂、外观优美的屋顶建成，而在屋顶又是由梁、杭、檩、椽、斗拱和望板，以及天花、藻井等构件组成。这就使得古建筑内部形成了一个架空空间。而古建筑的屋顶多数都是闷顶，发生火灾后烟气、热量积聚，再通过被热气冲开的门窗进行换气，形成炉膛效应。

随着现代消防科技的发展和对火灾机理、燃烧理论的研究的深入，人们对火灾中的轰然现象已经做出了科学的解释。所谓轰然，是室内火灾发展到一定阶段时，室内的可燃物在瞬间全部起火，火从窗口等处蹿出等现象同时发生。一般来说，当室内火灾发生后，温度升到500℃～600℃时，便会出现轰然。由于轰然是在环境温度持续升高，并且大大超过可燃物的燃烧点时发生的，因而无需火焰直接参与。出现轰燃后的火灾，称为充分发展的火灾，是火灾发展到极盛阶段才出现的。此时的扑救已经相当困难了。古建筑火灾容易发展到轰然阶段，是古建筑火灾难以扑救的原因之一。

2.木材燃烧蔓延的某些特点

木材在明火或者高温的作用下，首先蒸发水分，然后分解可燃气体，与空气混合后先在表面燃烧。因此，木材燃烧和蔓延的速度同木材的表面积与体积的比例有直接的关系。表面积大的木材与表面积小的木材相比火灾危险性更大。因为表面积大的木材受热面积大，易于分解氧化。古建筑中除少数大圆柱的表面积相对小一些外，经过加工的梁、杭、檩、椽、斗拱和望板等构件的表面积就大得多了，特别是那些层层叠架的斗拱、藻井和那些经过雕镂具有不同的几何形状的门窗、福扇等表面就更大了。古建筑在发生火灾时，出现轰然和大面积的燃烧，与古建筑构件表面积巨大有很大关系。

木材在燃烧过程中向内部传导热量，从而引起木材内部分解，使得燃烧不断向内部发展，延续燃烧时间。密度较小的木材，受热迅速，又容易分解出可燃气体，燃烧速度比较快。通过对火灾现场的考察、分析得出结论：松木大料，比如用松木做成的柱、梁、檩等，在发生火灾时的燃烧速度为每分钟两厘米。由此推算，木构架建筑起火以后，如果在15～20分钟以内得不到有效的救援，就会出现大面积的燃烧，温度高达800～1000℃。古建筑中的木材情况比疏松的松木还要差，由于长期干燥脱水和自然侵蚀，往往出现许多大大小小的裂缝；有的大圆柱其实并非完整的原木，而是由几根木料拼接而成，外面裹以麻布，涂上漆料。在发生火灾时，木材的裂缝和拼接的部位就成了火势向纵深蔓延的途径，从而加快了燃烧的速度。

（二）"火烧连营"效应

我国的古建筑，无论是宫殿、寺庙、道观、王府、府衙，还是禁苑、民居，都以各式各样的单体建筑为基础，组成各种庭院。大型的建筑又以庭院为单元，组成庞大的建筑群体。这种庭院和建筑群体的布局，大多采用均衡对称的方式，沿着纵轴线和横轴线进行布局，高低错落，疏密相间，丰富多彩，成为我国传统建筑的一大特色。单从消防来看，这种布局方式潜伏着极大的火灾危险。

在庭院布局中，基本上采用"四合院"和"廊院"两种形式。"四合院"的形式应用最广，这种形式将主要建筑布置在中轴线上，两侧布置次要建筑，组成一个封闭式的庭院，这种形式就是围绕一个院子，四周都是建筑物。我国的古建筑基本上都采用这种庭院布局，单座的古建筑很少。一些大型的古建筑群体，更是庭院相连，庭院套庭院。因此，所有的古建筑几乎都是殿宇林立，楼阁相望，飞檐交臂，栋接廊衔，基本上毗连成片，缺少防火分隔和安全空间。如果其中一处起火，一时得不到有效的扑救，毗连的木构件结构的建筑很快就会出现大面积的燃烧，形成火烧连营的局面，甚至会使整个建筑群体全部烧光。

第二节　古建筑防火保护策略

古往今来，我国古建筑大量消亡的历史证明，火灾是古建筑无法存留的最大祸端。因此，加强古建筑的消防安全工作，落实各项安全消防措施，已成为保护文物古建筑的首要目标。

一、古建筑火灾评估及危险等级划分

在古建筑防火保护措施中，火灾评估是非常重要的，它是建立火灾数据库的基础，对一些条件有限的古建筑，不能对所有房间建立火灾数据库，就要根据评估结果，对火灾危险度高的建筑首先建立数据库。火灾评估主要任务是客观、准确识别古建筑中的火灾隐患与其他风险因素。火灾风险评估方法大体可分为定性分析方法、半定量分析方法和定量分析方法三大类。

（一）定性分析法

定性分析方法对分析对象的火灾危险状况进行系统、细致的检查，根据检查结果对其火灾危险性做出大致的评价。定性分析法主要用于识别最危险的火灾事件，但难以给出火灾风险等级。主要有安全检查表、预先分析法等，对古建筑火灾可采用安全检查表法。

安全检查表分析法就是制订安全检查表，并依据此表实施安全检查。参照火灾安全规范、标准，系统地对一个可能发生的火灾环境进行科学分析，找出各种火灾危险源，依据检查表中的项目把找出的火灾危险源以问题清单的形式给出制成表，以便于安全检查，这种表称为安全检查表（safety check list, SCL）。安全检查表必须包括系统或子系统的全部主要检查点，尤其不能忽视那些主要的潜在危险因素，而且还应从检查点中发现与之有关的其他危险源。安全检查表采用提问方式，并用"是（J）"或"否（X）"回答。在每个提问后面，根据需要可以设改进措施栏。由于该表能够提供确定性分析，可作为定量评价中获取指标描述的方式之一。

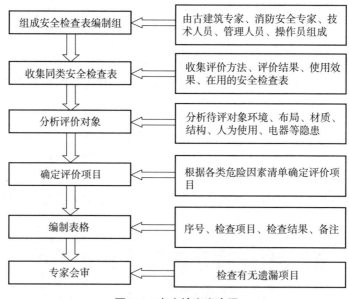

图5-4　安全检查表流程

（二）半定量分析法

半定量分析方法则将对象的危险状况表示为某种形式的分度值，从而区分不同对象的火灾危险程度。半定量方法用于确定可能发生的火灾的相对危险性，同时可以评估火灾发生的频率和后果，并根据结果比较不同的方案。它以火灾的相对危险性为基础，通过对火灾危险源以及其他风险参数进行分析，并按照一定的原则对其赋予适当的指数，然后通过数学方法综合起来，得到一个子系统或系统的指数，从而快速简单地估算出相对火灾风险等级，这种方法也被称为火灾风险分级法（fire risk ranking method）。适用于建筑火灾风险评估的半定量方法主要有NFPA101M火灾安全评估系统，SIA81法（Gretener法）、火灾风险指数法（fire risk index）、打分安全检查表法、事故树分析法（fault tree analysis，FTA）等。古建筑火灾风险分析可采用打分安全检查表法和事故树分析法。

事故树分析法是一种演绎的系统安全分析方法。它将特定事故作为顶上事件，层层分析其发生原因，一直分析到不能再分解为止，并将特定的事故与各层原因之间用逻辑门符号连接起来，最终建立逻辑事故树，形象、简洁地表达各层次之间的逻辑关系。通过对事故树简化，计算可以达到分析、评估的目的。

1.事故树分析步骤

第一是确定所分析的系统和要分析的各对象事件（顶上事件）；第二是确定系统事故发生概率、事故损失的安全目标值；第三是调查原因事件。调查与事故有关的所有直接原因和各种因素；第四是编制事故树。从顶上事件起一级一级往下找出所有原因事件，知道最基本的原因事件为止，按其逻辑关系画出事故树；第五是定性分析。按事故树结构进行简化，求出最小割集和最小径集，确定各基本时间的结构重要性；第六是定量分析。找出各基本事件发生的概率，计算出顶上事件的发生概率，求出概率的重要度和临界重要度；第七是结论。当事故发生概率超过预定目标时，从最小割集着手研究降低事故发生概率的所有可能方案，利用最小径集找出消除事故的最佳方案，通过重要度分析确定采取对策措施的重点和先后顺序，从而得出分析、评估的结论。

2.事故符号

事故符号由事件符号、逻辑门符号组成。

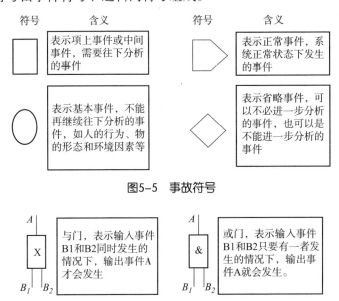

符号	含义	符号	含义
□	表示顶上事件或中间事件，需要往下分析的事件	▷	表示正常事件，系统正常状态下发生的事件
○	表示基本事件，不能再继续往下分析的事件，如人的行为、物的形态和环境因素等	◇	表示省略事件，可以不必进一步分析的事件，也可以是不能进一步分析的事件

图5-5　事故符号

A		A	
X	与门，表示输入事件B1和B2同时发生的情况下，输出事件A才会发生	&	或门，表示输入事件B1和B2只要有一者发生的情况下，输出事件A就会发生。

图5-6　逻辑门符号

事故树定性分析主要是求取其最小割集和最小径集，其目的是掌握事故的发生规律和选取预防和控制事故的方案。导致顶上事件发生的基本事件的集合就是割集，也就是说，事故树中有一组基本事件发生就能使顶上事件发生，这一组基本事件构成的集合就是一个割集，最小割集就是导致顶上事件发生的最起码的基本事件的集合。割集中任一基本事件不发生，顶上事件就不会发生。系统中最小割集越多，则系统危险性越大；若基本事件发生的概率相近，则包含事件少的割集更容易发生。

由此可见，若想减少系统的危险概率，一是通过措施减少系统中最小割集的数目来直接实现；二是通过增加割集中的基本事件来间接减小系统危害程度。

（三）定量分析法

从定性描述到定量分析和计量，是一门科学发展到成熟阶段的重要标志，定量分析方法的出现是科学的趋势和必然，是近年来最引人注目、发展最快的火灾风险评估方法。定量风险评估方法以系统发生事故的概率为基础，进而求出风险的大小，以风险大小衡量系统的火灾安全程度，所以也称概率评价法。该方法需要大量的数据资料和数学模型。所以，只有当评估数据较充足时，才可采用定量评估方法进行火灾风险评估。定量分析有多种方法，主要有建筑火灾安全工程法、火灾风险与成本评估模型、模糊数学评估法等。对古建筑可采用模糊数学评估法。

模糊数学评估法是一种模糊定量分析方法，将实物的确定性规律与不确定性因素相结合，将人的主观判断与事物的客观规律相结合的综合评判方法，将数据统计与人的主观评判相结合，通过合理的推理，得出可信的结论。模糊数学评估方法是将模糊理论与综合评估方法相结合，以数据统计和系统分析为基础，建立待评对象火灾风险评估体系。模糊数学并不是将数学变成模糊的东西，而是将模糊性的输入条件经严密的推理得到一个明确的解。模糊理论的出现将数学的应用从必然领域扩大到偶然领域，使模糊的评判变得科学。

根据古建筑的实际条件，采用上述几种方法对古建筑进行风险评估，并划分危险等级，作为建立火灾数据库的基础。另外在评估过程中，对存在的火灾隐患可以立即清除。整个评估过程使人们对整个建筑所有可能引起火灾的因素和途径有了全面的了解，为进一步防火奠定了基础。

（四）古建筑火灾风险评估体系构建

1.选择预评对象，确立评估系统

选取特定区域内的古建筑作为待评对象，确立古建筑火灾风险评估系统。安全的相对性特点决定了，一方面不存在绝对安全的古建筑；另一方面，单独去评判一栋古建筑个体的安全与危险是没有意义的。古建筑的安全等级或是风险度大小只有在相对比较的前提下才具有合理性和科学性。

因此，针对古建筑的火灾风险评估应以特定的评价区域为单位，选取多个古建筑个体作为待评估对象。共同应用同一套评估体系，以减小主观评判、体系逻辑等一系列不确定性问题对评价结果准确性的影响。

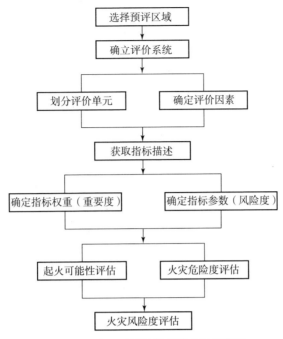

图5-7　火灾风险评价体系建立过程简图

2.划分评价单元，确定评价因素

（1）层次划分与指标选取的科学性问题

建立准确而全面的指标体系是对古建筑火灾风险进行科学评估的关键。而体系构建过程中的层次划分与指标选取的合理与否，直接决定着评估体系的科学性和有效性。

一般来说，层次的划分不宜过多，过多的层次划分会导致系统要素的相干性过于复杂，最终的分析结果会更加粗糙；层次划分也不宜过少，过少的层次划分使系统的构成关系过于简单，影响评价因子的整体性与准确度。

指标的确定需要遵循以下原则：一是独立性，所选指标应能单独表现被评价对象某一方面的特征，应具有独立的可比性；二是完整性，所选择的全体指标应尽量全面地反映被评价对象的各个方面及其相关属性，具有评价内容的完整性；三是实效性，所选指标应易于描述，其评价数据易于获取，具有相对明确的评价标准。指标数目不宜过多或过少，过少不能完整反映系统特性，过多又会导致评判数据过多，增加评价负担。指标体系的建立和完善要具有一定的可持续性，它不仅能反映某一时期的系统安全状况，还要根据系统的发展及时调整变化，以适应新形势下系统的发展要求。

（2）层次划分与指标选取

根据上文对古建筑火灾特点、原因以及隐患的分析可见，古建筑火灾的发生和危害主要跟人、物、环境三大因素有关。因此古建筑火灾风险评估体系可以按人、物、环境三个层次依次划分评价单元；然后分别针对不同层次中起火可能性和火灾危害度两大要素展开分析，最终确定各火灾风险评价指标。

古建筑中主要存在以下五类人员：游客、工作人员、宗教人士、居民、其他外来人员等。人为导致的古建筑火灾隐患大小跟使用与居住人员的数量及其用火行为息息相关。根据古建筑内人员的使用和管理情况，从起火可能性和火灾危害度两方面出发，将与人相关的评价指标分为以下十二类：炊事火患状况、香火香灰状况、燃点灯烛状况、焚烧纸钱状况、游客行为火患、占用人员行为火患、居民行为火患、违规行为火患、消防教育、消防组织、消防演练、消防保卫。

古建筑中与物有关的评价因素可以按古建筑本身和消防状况来分类，从起火可能性和火灾危害度两方面分为九类：建筑内部火患、电器使用状况、电线情况、防雷避雷设施、消防设施设备、消防用水、消防通道、建筑自身状况、火灾可能损失。

与环境相关的古建筑火灾风险评价指标因素可以从建筑物内部和外部环境出发，依次分为：外部火患、内部火患、地理环境状况、交通地势状况四部分。

对应以上各项评价指标分别列出指标影响因素，方便评判人员对指标进行深入了解和准确判断，并最终在火灾安全检查表的描述指导下确定各评价指标的参数值。

3.获取指标描述，确定因素权重与指标参数

权重的确定主要靠火灾案例统计分析结合专家评判的方式来获得。指标参数的确定则通过运用火灾安全检查表获取指标描述和定性分析，最终在专家给分的基础上，运用模糊重心评价等模糊数学的方法来获得。

二、古建筑火灾预防与扑救策略

（一）建立完善的古建筑火灾防范机制

根据古建筑的不同类别、不同地域条件、不同保护级别区分对待。对高危部位，应借助现代先进的防火经验和措施进行重点设防，并在此基础之上建立普适性的技术规范和管理条例，保证防火措施合理、有效地使用。责任到人，分区域保护，重点区域重点设防。落实职能问责制，定期维护消防设施。

1.落实责任

根据《中华人民共和国消防法》第二十条规定："按照政府统一领导，部门依法监督，单位全面负责，公民积极参与的原则，实行消防安全责任制，建立健全社会化的消防工作网络。"根据这条规定，文物保护单位应该明确消防工作的责任，避免出现互相扯皮的现象，将防火安全工作落到实处，真正做到"处处有人管，层层有人抓"。

2.重点地区重点保护

重点区域重点保护，这是对古建筑防火保护的原则，这既可以提高古建筑防火等级，也是节省人力物力的有效举措。根据文物价值、文保单位等级、建筑形式、建筑材料、地形地貌、气候条件等一系列数据进行分析。这对保护条件好的单位可以有效节约成本，而保护条件较差、文保等级高的单位则应加强消防安全措施的建设，提高古建筑的自救能力。

3.定期修缮维护

古建筑的修缮维护，应进行定期和不定期的检查，以及早发现防火安全隐患，早发现，早解决。将火灾安全隐患消灭在萌芽阶段。但是，在修缮过程中，应该严格按照相关的安全管理规定和施工规范进行，加强施工现场的巡察工作，提高工人的施工安全意识，要求现场用电规范、焊接工程应与建筑主体保持足够的安全空间。

4.奖惩分明

应该把奖惩制度作为一个有效的管理评估体系，运用奖惩制度对相关部门、责任人进行工作评估，提高工作积极性，对责任人签订责任状，严格执行奖惩制度。一旦发生火灾根据事故责任情况、施救情况、消防设施是否有效使用、工作人员是否具备事故处理能力等，进行行政问责。对古建筑防火工作开展得好的单位，通过综合评估后进行一定程度的奖励。

5.检察制度化

将古建筑防火安全检查工作制度化、常态化。对检查的重点也应该立足于以下几个重点：一是是否具备完整的火灾应急预案；二是是否配备完善的消防设施；三是工作人员是否具备消防设施的使用能力；四是火灾预警系统是否有效；五是消防设备的日常保养情况及安全有效日期；六是消防设备能否正常有效启动；七是是否有消防应急小分队；八是相关责任人的在岗情况；九是生活用火是否合理；十是祭祀类用火是否有专人监督。

（二）构建合理的火灾扑救体系

1.火灾事故处理预案

火灾事故处理预案，就是针对具体的古建筑一旦发生火情、火灾时的处理方案。预案不仅要求提前考虑灭火指导思想、灭火原则、灭火指挥、灭火组织、灭火战术、灭火行动、灭火保障等方面，还要求熟悉掌握以下信息：古建筑的基本状况，包括地理位置、气候特征、平面布局、耐火等级、建筑特点、结构、高度、层数、面积、出入口、防火隔离物、通风排烟设施、消防设施、疏散通道，以及最近行车路线和距离，通向古建筑消防水源的道路，给水管网形式，主要文物存放位置，救人和疏散文物的具体方法等。并要求能够及时发现初起火情，认真进行火情侦察，准确判断起火位置，组织实施灭火措施，重点做好以下准备工作。

（1）进攻道路

古建筑一般比较高大，大部分又建在高台之上，或身处建筑群之中。有的上面受高压线包围，下面有庭院围墙，院院相套，门槛重重，台阶遍布，地面不平，消防专用车辆和登高车受条件限制较难发挥作用。因此必须从实战出发，确定进攻路线，发挥专长，利用楼梯、屋檐、撑杆、避雷设备、墙角等向高层进攻。

（2）疏散文物

防止古建筑火势蔓延，保护建筑本体是扑救火灾的主要任务。当古建筑内部存有文物时，应保证文物的安全，及时疏散文物。文物如系可移动物品，应采用妥善办法将其运出火场，运往安全地带，如不可移动文物，应及时罩盖难燃物，使其与火隔离，并尽量避免水流直射，造成二次损伤，平时应做好准备及演习。

（3）保证供水

在制订灭火作战计划时，确定保卫重点，要把供水计划列为首位。根据重点部位火灾的用水量，在调集第一出动力量时调足。根据需要量和水源的远近，安排送水工具，保证古建筑火灾的用水，充分发挥供水车的供水作用，必要时可调集环卫部门的水车供水。

（4）防止复燃

灭火之后，一定要对火灾现场进行细致检查，特别是木质结构、棉絮等物更要认真检查，并留人现场看护，防止死灰复燃。确认确实无复燃可能时，再撤离现场。

2.不同火情的扑救方法

当发现火情时，应迅速到达现场，进行火情侦查。首先，要查明被困人员和文物情况；其次，要尽快确定起火位置及辩明火势蔓延方向和燃烧物的性质和范围，消防通道是否受阻，建筑构件烧损程度及有无倒塌危险等情况；然后，针对不同建筑和部位以及火灾发展的不同阶段，组织人员进行扑救。

当火灾初起，火势在室内蔓延时，应采用内攻为主的方法。寺庙工作人员应积极开展自救。消防队员到达火场后，应以最快的速度，通过与外界相连的通道，比如门、窗等，向古建筑内部发起进攻，阻击火势向上、向外蔓延。如果燃烧仅局限在建筑物的下部，应用喷雾水枪尽快围歼，对周围木结构和易燃构件，采取浇水保护的形式阻止火势蔓延。如果火势已窜至屋顶，可采用直流水枪打击屋顶火点，也可利用墙柱等构架直搭消防梯，控制并消灭已蔓延到梁、柱等构件上的火势，同时，部署力量射水保护建筑的承重构件，保持屋顶构架机械强度，防止坍塌，并在外围部署一定力量随时堵截可能向外蔓延的火势。

当主体建筑或珍贵文物的安全受到严重威胁时，应采用破拆的方法。在局部建筑物严重影响消防施救或阻碍灭火战斗行动时，消防人员应果断采取措施，适时破拆。破拆主体建筑以檐柱一端为准直拆，或从屋脊处掀瓦破洞，孔洞面积要尽量缩小。火灾蔓延通道的游廊、配殿等次要建筑破拆时，将可燃建筑结构或可燃物质拆除，割断其燃烧条件，达到控制火势、消灭火灾的目的。在破拆的过程中，应严格控制破拆范围，尽可能地减少对古建筑的破坏。

当火势已形成向外蔓延的趋势时，应采用包围堵截的方法。对有可能影响到毗邻建筑的火灾，灭火力量应主要部署在外围，应用强大的水流阻止火势向周围建筑蔓延，水枪手可利用周围建筑物从高处射水，有条件的还可采用举高消防车登高灭火的方法。火灾扑救中，应重点控制燃烧最易蔓延扩大的下风方向，将建筑物下风方向的门窗关紧，并浇水降温保护，同时，组织突击力量向建筑物内进攻，打击室内火势。

当出现已火烧连营的局面时，应采用先控后消的方法。重点部署消防力量保护大殿、厅、堂等主体建筑和存放珍贵文物建筑的安全，将主要力量部署在火势蔓延的主要通道上，阻止火势向这些重点部位蔓延，然后对燃烧的建筑群体采取穿插分割的方法，实施分片围歼，开辟防火隔离带。

当扑救火灾时发生缺水的情况，要及时制订调水方案，必须千方百计地解决火场供水问题，否则就会出现难以控制火势、增大火灾损失的后果，应尽可能地调动其他运水工具，如水罐车、洒水车、水带等。

当火灾发生在有风的条件下，应注意"飞火"现象的发生。要充分估计风力和风向可能对火势蔓延的影响，组织力量监视和扑灭"飞火"，防止意外和火灾再次发生。

当火灾发生在夜晚时，要特别注重使用照明器材设备。在夜晚扑救火灾，应实现照明保障，并注意照明器材的安全。由于夜间能见度低，视线不清，造成一定程度上协同作战的困难。因此，消防扑救应对火灾对象的结构特点、文物放置方位、出入口数量位置、周围环境道路、地形地貌及水源情况做到心中有数，并有夜间简明的联络方法和识别信号，实现灭火行动的迅速和准确。此外，当火势被完全控制后，消防部门应部署专门力量，对燃烧物进行浇水冷却，并安排专人监视余烬和负责清理工作，防止其复燃。

三、古建筑性能化防火设计

（一）防火性能化设计步骤

虽然在以往的古建筑消防保护实践中，受《中华人民共和国消防法》《中华人民共和国文物保护法》和《古建筑消防管理规则》等相关法律法规的严格限制，在古建筑保护和保障消防安全的利弊权衡中，往往一边倒地强调消防安全的保障，但是，新时期古建筑消防安全的保护要求我们既要保持古建筑的历史特征又要提供合理水平的生命保障和财产保护并尽可能地不影响其正常使用。因而在此过程中以性能为基础的消防安全设计脱颖而出。如美国在NF－PA914《古建筑消防规范》（code protection of historic structures）中引入了性能化方法，先设定一个火灾场景进行检测和评估，以衡量所采取的措施是否达到了预定的目标，若未能达到预定目标，则设计者必须改变设计以确保最终达到目标。

性能化防火设计是运用消防安全工程学的原理和方法，首先制定总体目标，然后根据总体目标确定整个防火系统应该达到的性能目标，并针对各类建筑物的实际状态，应用所有可能的方法对建筑的火灾危险和将导致的后果进行定性、定量的预测和评估，以期获得最佳的防火设计方案和最好的防火保护。目前，性能化消防设计过程包括七个基本步骤，结合古建筑的实际情况，其性能化防火设计流程如下图所示：

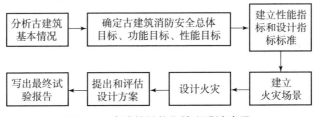

图5-8　古建筑性能化防火设计流程

（二）性能化防火设计的优点

第一，性能化防火设计体现了一座建筑的独特性能和用途以及某个特定风险承担者的需要。防火设计具有很强的个体针对性，而不像规范式设计那样笼统。第二，性能化防火设计可以根据工程实际的需要，制订消防设计方案，设计思想灵活。第三，性能化防火设计需要运用多种分析工具，从而提高了设计的准确性和优良性。第四，性能化防火设计把消防系统作为一个整体进行考虑，综合考虑了整座建筑的各个消防系统之间的协调性。第五，有利于新技术、新材料、新产品的开发、研制、推广和应用。性能化设计的步骤一般包括：确立消防安全目标和可量化的性能要求；分析建筑物及内部可燃物、人员等情况，确定性能指标和设计指标；建立火灾场景和设计火灾；选择分析计算的方法；对设计初步方案进行安全评估、确定设计方案并编写评估报告。

（三）防火性能化评估基本框架

古建筑防火性能化评估方法是以性能化建筑防火设计方法为背景，综合考虑古建筑的整体消防安全性能，通过对柱梁等结构构件燃烧性能等的分析设定火灾场景，对古建筑的耐火性能等目标结果进行预测，并以性能化防火安全标准为主，指令性规范设计为辅，对古建筑所具备的防火安全性能水平进行综合评估认定，从而为制订相应的防火安全措施和管理制度的决策提供性能化依据。

1.确定分析对象的现场状况

古建筑的火灾危险性评估应首先分析有关建筑的地理环境和结构特点。比如，应了解古建筑构件的耐火性能、典型构件的防火保护、防止火灾和烟气蔓延的重要措施等，重点考虑古建筑构件木质干燥、含水量低、火灾负荷大、烟雾生成量大的特点。进行火灾危险分析时，应当将最可能发生且危害最大的情形进行重点分析，或者说按可能出现的最危险状况进行分析，这样就可以保证在任何情况下发生的灾害性结果都不会超过评估中考虑的结果。

2.确定评估目标

建筑防火设计的评估目标是进行性能化设计开始之前的重点问题，基本的防火安全目标可分为与生命安全直接相关的目标和与其他安全相关的目标，前者考虑的是在火灾中的人员的安全，后者考虑的内容包括财产安全、保证系统运行的连续性、保护环境等问题。而古建筑消防安全保护的评估目标应该是确保古建筑不发生火灾或在发生火灾时能把火灾消灭在初期阶段，减少建筑物发生坍塌、火灾向四周蔓延的可能性。

3.确定火灾场景

火灾场景的确定应根据最不利的原则确定，选择火灾危害较大的火灾场景作为设定火灾场景，必须能描述火灾引燃、增长和受控火灾的特征以及烟气和火势蔓延的可能途径、设置在建筑室内外的所有灭火设施的作用、每一个火灾场景的可能后果。中国古建筑文化中，建筑结构以木制结构为主，一般建造在高台基座之上，四面迎风，通风条件好，以木材为主的整个结构就像炉子一样，木构件相当于炉子中架空的干柴，建筑周围的墙壁、门、窗和屋顶上的陶瓦等围护材料相当于炉膛，整个结构形式极易燃烧。而且发生火灾时由于火焰和高温集中在屋顶内部不易失散，古建筑发生火灾后，总是屋顶先塌，墙柱后倒。因此，古建筑火灾场景的设定，应综合考虑可燃物的种类及其燃烧性能、可燃物的分布情况、可燃物的火灾荷载密度等因素，必要时应通过试验的方法确定。

4.火灾过程的定量计算

古建筑火灾场景确定后，可以运用火灾模拟工具对古建筑内火灾蔓延趋势及烟气运动发展进行模拟，确定火焰传播速度、方向、温度、高温烟气等因素随火灾发展时间而变化的情况，从而对古建筑的防火及灭火体系的建立有积极的指导作用。近年来，火灾模化经过了区域模化、场模化到网络模化和场区网复合模化的发展，从过去的以理论研究为主体向注重实际应用转化。国外在火灾模化理论成果的基础上，已开发出一批具有实用价值的计算机火灾模型和消防安全评估软件，但对某些方面的危险性分析来说，仅有火灾过程模拟计算的结果还是不够的，往往还需要其他方法的分析结果进行充实，如可以借鉴指令性规范当中的某些条款等。

5.具体评估设计方案分析

深入分析各有关因素对实现古建筑防火安全目标的影响，是火灾危险性分析的关键一环。主要的影响因素包括：古建筑的结构特点、古建筑内可燃物的燃烧特性与分布状况、古建筑室内外环境对火灾发展的影响、消防设施的配置状况、古建筑使用者的特点、消防部门救援的状况等。进行火灾危险性分析必须紧密结合古建筑的具体情况。人们是不会任火灾自由发生和发展的，相关人员会在可能的范围内采取措施加以干预，这可以在一定程度上影响火灾的发展过程，因此可对各种消防措施及其集成应用做出客观正确的分析。

6.防火性能改进决策

"安全"是一个相对的概念，古建筑安全同样也不例外。一幢建筑在一段时间内没有发生火灾，但并不能说它以后不会发生火灾，火灾的发生经常是出乎意料的。然而通过大量细致的安全工作，可以使发生火灾的时间间隔延长，或者在刚出现火灾苗头时就将其控制住或排除掉，但这并不能真正将火灾发生的几率降低为零。毫无疑问，多采用一些消防设施一般会有助于减少火灾的直接损失，但所用的设施越多消防投资也越大，因此需要综合考虑。总体来说，防火性能改进决策的主要任务就是确定使火灾代价接近到最小的范围而使古建筑得到最大的安全保护。

第三节　古建筑消防安全管理的行政法规制

古建筑作为我国珍贵的历史文化遗产，属于不可再生资源。然而，近年来我国古建筑却连连遭受火灾的侵害，给民众造成了巨大的物质损失和精神创伤。我国古建筑具有不同于现代建筑的建筑特点，正是由于古建筑所具有的特殊属性要求我们对古建筑的消防安全管理须采取不同于现代建筑消防安全管理的模式。然而，我国目前的消防规范基本是在现代建筑消防状况的基础上修订的，对古建筑消防的专门立法少之又少，造成了在古建筑消防执法方面无统一标准、比较混乱的情况。制定完善的古建筑消防法律法规体系，使古建筑消防安全管理有法可依是目前最为迫切的需要。

一、古建筑消防安全现状分析

从20世纪50年代至今，除少数几年无统计案例外，几乎每年都有古建筑火灾发生。随着人们对古建筑保护工作的日益重视，古建筑的消防安全保护现状得以逐步好转。然而由于种种复杂原因，目前仍存在以下一些突出问题。

（一）火灾隐患众多，消防安全形势严峻

古建筑由于本身布局、结构、材质以及使用和环境等因素的影响，火灾隐患众多，安全问题突出。消防工作普遍存在危险性大、损失大、影响大以及预防难、控制难、扑救难和管理难的"三大四难"问题，导致古建筑火灾事件发生频繁，安全形势十分严峻。

（二）消防设施建设滞后、消防投入少且不均

由于各地区经济发展不平衡、历史欠账太多以及财政补贴不足等诱因造成古建筑消防设施建设滞后、消防投入不足的现状。目前我国普遍存在消防站建设严重不足的现象，"世界文化遗产"武当山遇真宫大火就是因为附近没有消防队，有消防水源却无消防车，导致一场本不算大的火竟然要调用远离开发区40多公里的十堰市和丹江口市的消防车赶来灭火，耽误了救火时机，造成了严重的后果。

另一方面由于古建筑群位置分散、点多面广，而目前城市总体消防规划又不尽完善，古建筑消防纳入城市总体消防规划的更是少之又少。以山西为例，山西省共有木制结构古建筑18118处，宋、元以前的地上木结构古建筑占全国的72.6%，其中国家级文物保护单位有119处。这么多的古建筑，除平遥古城的消防规划正在编制中外，其余的还没有一个做出消防规划。又因为古建筑存在地域性、等级性差异，加上管理不善、资金短缺等诱因造成消防管理顾此失彼、消防投入厚薄不均的局面。

（三）技术落伍

古建筑有其特殊性，古建筑的防火技术要求应有别于现代建筑，不可以将现代建筑防火规范简单地拿来使用，要根据实际需求进行计算论证，无论是消防安全区域的划分，还是消防设备及用水管网的设置，都应遵循古建筑的实际保护需要。古建筑本身的结构复杂性、形式多样性以及所处地理位置的不同、建造年代的不同等因素，致使具体的建筑物体的防火基础及防火性能呈现出不同的特征。以法的形式来确定现代新建筑防火技术装备，无疑可以确立一个新的标准。古建筑形式多样，每一个古建筑都有其特殊性，如果将古建筑笼统地进行划分和管理无疑是不合理的。

适时地对规范性条文进行全面合理的修订，按照古建筑形式特点等进行细致划分，使古建筑在进行消防安全设计时有规可循，可以避免不必要的损失。

（四）缺少法规、规范，消防工作无据可依

更为重要的是，古建筑建造在先，消防在后，消防安全方面的法律规范相

对缺乏，而现代建筑法律法规又不能完全适用于古建筑的消防工作，造成长期以来古建筑消防保护工作出现缺乏度量、无据可依的局面，致使古建筑安全管理与监督工作缺少系统性，标准模糊，内容笼统。又由于古建筑具有独特的文化历史价值，而且规模不等、等级不一，再加上古建筑自身环境、材料等特殊变因，其消防安全工作要完全经由理论体现在统一的规范准则当中就变得相当困难。

二、我国古建筑消防安全管理工作具有特殊性

我国古建筑不具备现代化的消防设施，不能完全采用现代建筑的消防安全管理制度。我国古建筑的建筑风格在世界建筑史上独树一帜，作为现代人要保护好这些珍贵的物质文化遗产，就必须针对我国古建筑的特点采取特殊的消防安全管理措施。

（一）需要建立专门的古建筑消防法律法规体系

我国目前消防法律法规的制定、消防制度基本上建立在现代建筑消防基础之上的，但是正如前文所述，古建筑具有不同于现代建筑的消防特点，在现实中难以将现代建筑的消防法律规范和消防制度适用于古建筑领域，这就造成了我国目前在古建筑消防安全管理工作中难以做到有法可依。

我国古建筑普遍存在的耐火等级低、防火间距小、交通不便等消防特点决定了我们如果要实现对古建筑有效的消防安全管理，必然需要针对古建筑的消防特点制定适用于古建筑消防安全管理的法律法规体系及消防制度，以缓解现有规范及制度与古建筑消防工作不相适应的矛盾。

（二）需要行政执法主体形成多部门联动机制

随着现代消防技术的不断研发和普遍应用，现代建筑的消防防控体系正在逐步智能化，能够在第一时间发现火患并将其消灭在起始阶段，消防安全管理制度逐步完善，不需要联合多部门的力量就可以实现对现代建筑消防的有效管理。

由于历史的局限性，古建筑没有建立等同于现代建筑的完善的消防技术设施，并且古建筑消防通道狭窄、耐火等级低等，导致消防效率远远低于现代建筑。而随着古建筑火患人为因素的增多，进一步加大了古建筑消防安全管理的难度，造成了古建筑消防安全管理普遍难于对现代建筑的消防安全管理，需要投入多部门的行政力量，共同协作。

在古建筑消防安全管理领域，行政执法主体始终发挥着主导作用。古建筑的消防管理涉及多个部门，包括公安消防、旅游、文物、工商、规划、建设、民族宗教等职能部门，在古建筑群所在地还会设有古城管理委员会等综合执法机关。为了有效防范火灾，各部门都需要将消防工作纳入本部门的工作范围内，做到分工明确，多部门联动，这是有效保证古建筑消防安全的必要条件。

（三）需要将古建筑使用人纳入消防管理主体范围

随着我国经济的快速发展，我国民众的参与意识也在逐渐提升。在社会管理领域，越来越多的民众以管理主体的身份参与进来，而不是单纯的作为被管

理人。同样，在古建筑的消防安全管理领域，单独依靠行政执法主体的力量已难以保障古建筑的消防安全，只有同时将古建筑使用人纳入古建筑消防安全管理主体范围内，充分发挥古建筑使用人的主观能动性，联合行政执法主体和古建筑使用人的力量，才能有效保障古建筑的消防安全。

另外，行政执法主体与古建筑使用人两主体间应当建立有效的互动机制，通过完善消防安全责任制明确古建筑使用人的职责，规范古建筑使用人的行为。古建筑使用人作为与古建筑联系最为密切的人，在古建筑消防领域应当承担起管理主体的职责。

近两年我国古建筑火灾事故频发，使我国古建筑文化遗产遭到了巨大毁损，由于古建筑的不可再生性，其一经损毁便无法恢复原来的状态，虽经过重修或复原，但重修的建筑物终究是现代人修建的现代建筑，而非古建筑。所以说古建筑的毁损不仅是中华民族的重大损失，更是世界建筑史上的不幸。古建筑虽是物质的，但它承载的更多的是中华民族世代相传的历史信息，是中华民族的精神寄托，是现代人研究古代历史的重要依据，古建筑火灾烧掉的不仅是古建筑，更是现代及后代中华儿女的精神纽带。

虽然通过追查每次古建筑火灾事故发生的原因，我们会找到各种各样的自然或者人为的因素，但通过细致分析，我们总会找出古建筑消防安全管理工作的不足与缺陷。我们应当深刻吸取历次古建筑火灾事故的教训，充分发挥当代人的主观能动性，在我国古建筑所具有的特殊属性基础上，借鉴国外古建筑消防安全管理的先进经验，研究并架构出适合我国古建筑消防保护实际的古建筑消防法律法规体系和古建筑消防安全管理制度。

三、建立古建筑消防安全标准化管理的意义

（一）约束文物单位落实消防安全主体责任的抓手

近年来，多起古建筑被烧毁，大量珍贵文物在火灾中损毁，生活用火不慎引发火灾居首位。开展消防安全标准化管理是督促产权单位建立消防安全长效机制，实现消防安全状况稳定好转的根本保障。约束主管部门和责任单位对自身的生产经营活动，从制度、规章、标准、操作、检查等各方面，制定具体的规范和标准，使他们的监管和经营实现规范化、标准化，提高他们的安全素质，最终达到强化源头管理的目的。

（二）响应国家加强古建筑消防安全管理形势的需要

2014年4月3日，公安部、住房城乡建设部和国家文物局联合出台《关于加强历史文化名城名镇名村及文物建筑消防安全工作的指导意见》，国家文物局和公安部于2015年7月16日共同印发了《文物建筑消防安全管理十项规定》（文物督发〔2015〕11号），充分体现了上级对历史文化遗产保护的决心。各地政府出台的符合本地实际的标准化建设体系是对国家规章制度贯彻落实的最好体现。

（三）提高监管部门依法履职能力有效的推手

各地文物保护单位应积极进行消防安全标准化管理建设工作，从开展试

点、总结经验、召开现场会，到推动政府、部门、单位开展古建筑消防安全标准化管理建设工作，使政府部门监管责任得到进一步的明确。标准化工作要求监管单位针对辖区内国家、省市级文物保护单位应逐一落实到市、县、乡、村每个层级，强调依法履职，从而明确部门权责。通过消防机构的推动和努力，政府主导意识得到了增强、部门监管职责得到了强化、单位自防自救能力得到了提升。

四、完善我国古建筑消防立法

（一）在《消防法》《消防法实施细则》中增加古建筑消防内容

《消防法》在我国消防法律法规体系中具有基础性和总领性的作用，是消防工作的基本法。古建筑消防虽具有特殊性，但也属于我国消防工作的一个重要组成部分，应该涵盖在《消防法》之内。正如上文所述，《消防法》是基于现代建筑消防状况而制定的，对古建筑消防规定的甚少。由于古建筑消防不同于现代建筑的消防，对古建筑消防所适用的法律规范也应不同于现代建筑，所以在对现代建筑的消防要求不适应古建筑的特殊情况时应当在《消防法》中对古建筑消防进行专门规定，使古建筑的消防执法在《消防法》中找到法律依据。

《消防法》作为全国消防工作的总领性文件，其中关于古建筑消防的规定可以是原则性或指导性规定，另由国务院出台《消防法实施细则》来做出具体可操作性的安排。同时，由于我国各地古建筑存在其特殊性，所以还应当允许各古建筑所在地人大或政府根据《消防法》及《消防法实施细则》结合本地古建筑的实际情况制定能够满足本地古建筑消防安全管理需要的地方性法规或政府规章，并且要求对相关技术或设施设定的标准不低于《消防法》和《消防法实施细则》设定的标准。如此，才能够形成以《消防法》为基础的古建筑消防法律法规体系。

（二）重新修订《古建筑消防管理规则》

改革开放后，随着我国社会的高速发展，时代背景已发生巨大变化。尤其是在我国加入WTO后，实现了与国际接轨，国际化程度进一步提高，民众的社会生活已发生天翻地覆的变化，思想意识水平大幅度提升。在此大背景下，法律的滞后性更加凸显，一些法律规范已不能适应当今社会的需要，目前我国已对建国后制定的一些法律进行了修改，甚至以《宪法修正案》的形式对1982年的宪法进行了修正，以使其适应当今社会的发展。

目前实施的《古建筑消防管理规则》部分内容已不能适应目前我国古建筑消防安全管理的实际需要，应当由国务院公安部、住房和城乡建设部和国家文物事业管理局等相关部门在古建筑消防现实情况的基础上重新修订，以使古建筑的消防安全管理工作能够顺利有效开展。2014年4月3日，由公安部、住建部、国家文物局联合制定的《关于加强历史文化名城名镇名村及文物建筑消防安全工作的指导意见》是我国第一份由多个职能部门联合制定的强化文物古建筑消防安全工作的规范性文件，该意见对我国政府职能部门在古建筑消防安全管理方面的职责进行了较为明晰的划分，对消防规划、消防设施、消防力量等方面作了较为详细的规定，对火灾防控措施作了具有可操作性的规定。由于修改法律法规的程序较为漫长，所以在修改《古建筑消防管理规则》前，可参照这两部文件协调处理，以利于古建筑消防工作的有效开展。

（三）研究制定《古建筑设计防火规范》

研究制定《古建筑设计防火规范》具有重要意义，可以填补我国古建筑消防设计技术领域的空白，为古建筑的消防设计提供明确的技术指导，为古建筑消防执法提供具体的参照标准，改变单凭经验行事的执法现状。

一项工程的建设施工必须要有标准可循才能保证工程的质量，才能适应和满足社会的需要。新修订的《建筑设计防火规范》（GB50016-2014）已于2015年5月1日起施行。该法规在建筑消防领域确立了技术标准，对消防相关术语、仓库、厂房、民用建筑及其消防通道、防火间距等消防建设的技术问题进行了统一规定，对我国建筑物的消防设计及建造提供了技术指导，规范了消防施工行为。

然而，我国新施行的《建筑设计防火规范》（GB50016-2014）是建立在现代建筑消防情况基础之上的，对古建筑防火并无太多提及，造成了古建筑消防执法工作无标准可循。2014年4月3日，由公安部消防局制定实施的《古城镇和村寨火灾防控技术指导意见》对古城镇和村寨消防安全的分析评估、规划、布局、建筑防火、设施及装备、火灾危险源控制等方面提出了具体的技术指导意见。由于法规的制定需要走严格的制定程序，时间比较漫长，所以由公安部消防局制定的指导意见可作为《古建筑设计防火规范》出台之前的过渡性文件。

（四）修改《机关、团体、企业、事业单位消防安全管理规定》

单位作为社会运转的一个基本单元，其行为规范与否直接影响社会治理的结果。作为建筑主要使用者的单位在保障建筑的消防安全领域负有重大的责任，对其消防安全管理行为做出强制性规范十分必要。公安部制定的该规定对社会单位内部的消防安全管理行为做出了强制性规定，并作为公安消防机构消防安全检查的主要依据之一。

然而，该规定作为公安消防机关对单位监督检查的主要依据之一，对单位的定义过于狭窄，尤其是对在古建筑内经营、居住的个体经营户、农村承包经营户没有纳入调整范围之内，并且本规定对古建筑消防无专门规定。立足于古建筑消防安全管理工作的特殊性，应当将作为古建筑使用者的个体经营户、农村承包经营户囊括在"单位"的范围之内，设置专门条文对古建筑内的个体经营户、农村承包经营户的消防安全管理责任进行特别规定，不需要特别规定的地方可参照对单位消防安全管理责任的一般规定来执行。

（五）各古建筑所在地人大应制定古建筑消防的专项规定

"一方水土养一方人"，同样，一方风土人情也造就了一方建筑风格。我国幅员辽阔，各地的风土人情差距甚大，并形成了颇具地方特色的建筑风格，如重庆、贵州的吊脚楼、福建的客家土楼、陕西的窑洞、内蒙古的蒙古包等。

随着旅游市场的兴旺，各地对本地的特色建筑保护尤为重视，尤其是对本地古建筑的保护，因为古建筑是当地历史文化传承和延续的象征，并且能够通过旅游市场发展本地的旅游经济，创造收入。在古建筑较多的省份纷纷制定了适用于本行政区的古建筑保护条例，如上述《山西省平遥古城保护条例》《云南省丽江古城保护条例》等。各地制定的古建筑保护条例在本地古建筑保护方面发挥了极其重要的作用。

然而，作为古建筑保护主要依据之一的各地古建筑保护条例对古建筑消防安全管理的规定甚少，甚至有些条例并没有对古建筑消防设置专门的条文。消防安全保护作为古建筑保护的重要部分应当在保护条例中加以细致的规定，以减少古建筑火患的发生。各地方人大应当立足于本地古建筑的特点，根据《消防法》《文物保护法》等上一位阶有关古建筑消防安全管理的法律法规来制定适合于本地古建筑保护需要的消防法规，并且要更严格、具体、详细。古建筑保护条例要贯彻重保护、轻建设的原则，吸纳社会资金来充实古建筑消防保护资金，明确管理主体，做好消防科学专项规划，根据规划来建设消防基础设施，根据本地实际建立多种形式的消防队伍，明确消防执法、监督检查的责任主体和程序，强化古建筑消防安全教育，明确消防违法的法律责任等，让地方的古建筑保护条例成为古建筑消防安全管理工作中不可替代的法规依据。

（六）各古建筑所在地地方政府应制订具体的消防安全管理办法

古建筑保护条例是对古建筑整体保护的规范，而古建筑的消防安全管理办法是结合本地古建筑消防安全实际状况的专门规定，是当地古建筑消防安全管理工作的主要依据。例如，丽江市政府制定的《丽江古城消防安全管理办法》虽是"3·11"大火催生的产物，但其在总结经验教训的基础上制定了本办法，其他古建筑所在地政府应当学习这一做法，结合本地古建筑实际制定适用于本地古建筑消防保护的管理办法。

古建筑频繁发生火灾，制订古建筑消防安全管理办法紧迫而又必要。古建筑的消防安全管理办法应当依据国家法令和当地古建筑保护条例等上位阶法律法规来制订，尽可能详细、具体、明确，具备可操作性，明确政府各部门的消防安全职责，建立联动机制，做好消防专项规划，完善古建筑消防基础设施建设，逐级落实消防安全责任制，鼓励社会公众参与古建筑的消防保护，建立多种形式的消防队伍，明确消防审批等执法行为，严格消防检查监督，对行政主体和行政相对人的消防违法行为要严格追究其法律责任。

第六章　古建筑的防火技术研究

随着经济的发展和社会文明程度的提高，古建筑的保护已经渐渐引起了国家和全社会的重视。古建筑的消防安全工作作为古建筑保护的重要组成部分，需要对其进行深入的研究，以提高古建筑的消防安全水平。本章将对古建筑的防火技术进行具体分析，主要包括古建筑火灾烟气与安全疏散、古建筑防火器具以及BIM技术在古建筑安全生命周期中的应用三部分。

第一节　古建筑的火灾烟气与安全疏散分析

近年来，古建筑群火灾事故频发，给建筑物造成不可恢复的破坏，我国开始加强对防火研究的重视，因此，分析古建筑群火灾下的人员安全疏散及火灾烟气运动规律，对古建筑群的保护和人员安全具有非常重要的现实意义。

一、火灾烟气概述

（一）火灾烟气的基本参数

火灾烟气的基本参数包括温度、压力、密度、能见度等。

1.烟气温度

火灾烟气的温度在起火点附近可以达到800℃以上，随着与起火点距离的增加，烟气的温度会逐渐降低，但是通常在许多区域内仍然能够维持较高的温度，并对人员构成灼伤的危险，同时高温的烟气也会对结构的稳定性构成危险。由于建筑物内部可燃材料性质、火灾荷载、门窗洞口尺寸等的差异，着火房间的烟气温度是不相同的。对小尺寸的房间，烟气温度一般可达500~600℃。

人员暴露在高温环境下的忍受时间极限根据烟气的温度和湿度有所不同。有关实验表明，身着衣服、静止不动的成年男子处于温度为100℃的环境中，30min后就会觉得无法忍受；而在75℃的环境中可以坚持60min。在空气温度高达100℃的特殊条件下（如静止的空气），一般人只能忍受几分钟；当空气温度高于65℃时，一些人可能无法呼吸。

2.烟气压力

火灾发生、发展和熄灭的不同阶段，室内烟气的压力是各不相同的。初始阶段房间内压力逐渐升高，当火灾发生轰燃时，烟气一旦冲出室外，室内烟气压力就很快降下来接近室外大气压。据测定一般着火房间的平均相对压力为

10～15Pa。

3.烟气密度

烟气的组成与空气不同,严格地说在相同的温度和压力下,不同火灾的烟气密度是不同的。但即使特别浓的烟气与同温空气相比,差别也很小。所以可近似地认为烟气密度和空气密度相同。

4.烟气能见度

能见度是指在一定环境下刚好看到某个物体的最远距离,火灾环境下的能见度及疏散指示标志对人员逃生非常重要。由于烟气的敛光作用,人员在有烟场合下的能见度必然有所下降,这对火场中的人员安全疏散有着严重的影响。当然,能见度也与烟气的颜色、物体的亮度、背景亮度都有关,还依赖于逃生者的视力及其眼睛对光线的敏感程度。能见度与烟气的减光系数呈反比关系,在相同情况下,发光物体的能见度是反光物体的2～4倍,因此在火场中提高疏散指示标志的发光度,有利于提高能见度帮助人员逃生。

(二)火灾烟气的组成

在火源燃烧的过程中,火焰及燃烧生成的烟气在火源上方一定距离内的流动称为火羽流。火羽流可以分为三个区:在燃烧表面上方不太远的区域内存在连续的火焰,称为连续火焰区;连续火焰区往上一定区域内的火焰是间断出现的,称为间歇火焰区;间歇火焰区再往上是燃烧生成产物的区域,称为烟羽流区。

烟羽流区的燃烧产物,就是通常所说的烟气。烟气是一种混合物,通常包括三部分:①可燃物热解或燃烧生成的气相产物,如CO、CO_2及其他气体;②大量被火源卷吸而潜入的空气;③多种微小的固体颗粒、水分或其他液滴。

(三)火灾烟气的危害

许多调查研究表明,烟气对人员造成的伤害呈上升趋势,烟气毒性已经被认为是火灾中导致人员死亡的主要因素。

火灾烟气的危害主要有以下三种。

1.高温

尽管大部分火灾伤亡源于吸入有毒有害气体,但是火灾中产生的大量热量仍然是很显著的危害。高温烟气携带有火灾产生的一部分热量,火焰也会辐射出大量的热量。人体皮肤约45℃时就会有痛感,吸入150℃或者更高温度的热烟气将会引起人体内部脏器的灼伤。

2.缺氧

人体组织供氧量下降会导致神经、肌肉活动能力下降,呼吸困难,人脑缺氧3 min以上就会受到损害。火场的缺氧程度主要取决于火灾的热物理特性及其环境,比如火灾尺度和通风状况。一般情况下缺氧并不是主要问题,但是在产生轰燃时即使只是在某一个房间发生的情况下,其他区域内的氧气也可能会很快耗尽。

3.烟气毒性

研究表明,火灾中死亡的人员约有一半是由于CO中毒引起的,另外一半则是由于直接烧伤、爆炸压力以及其他有毒气体引起的。火灾烟气中含有多种有毒有害物质，烟气毒性对人体的危害程度与这些成分有直接的关系。

4.减光性

当烟气弥漫时，可见光受到烟粒子的遮蔽作用而使光线强度减弱，能见度大大降低，这就是烟气的减光作用。在火场的特殊紧张气氛下，人的行为可能失控和异常，增加了中毒和烧死的可能性。对扑救人员来讲，由于烟气的阻挡，也会贻误战机。

5.恐怖性

发生火灾时，特别是发生爆炸时，浓烟和火焰会使人们感到恐怖，常常会给疏散过程造成混乱局面，使有的人失去活动能力，有的甚至失去理智，产生惊惶失措而不顾一切的异常行动。所以，恐怖性的危害也是很大的。

二、火灾烟气控制

（一）建筑火灾烟气控制研究现状

火灾中烟气对疏散过程的影响极为显著，对建筑火灾进行一定的烟气研究尤为重要。对火灾进行真实的火灾实验研究，虽然火灾场景和结果较为真实，但是真实的火灾实验存在一定的局限性，不能全面研究火灾的每种可能性，因而通过计算机进行火灾烟气的仿真模拟成了实验分析的很好的补充，也逐步成为建筑火灾烟气研究的重要方式，目前比较成熟的火灾烟气控制软件有Fluent、PyroSim、ANSYS CFX、FDS等。

日本学者Yamana等通过对火源燃料为甲醇、火源强度为1.3MW的比例模型进行实验，研究不同排烟方式对火灾中排烟效果的影响。

Candido等人通过对火源强度为1.6MW的比例模型实验，并进行烟气控制软件的模拟，通过结果对比研究机械排烟的作用。

北京工业大学的马世杰应用CFD流体力学软件模拟研究地下商业建筑火灾烟气的流动状况和烟气运动规律，定性和定量地分析了火灾功率及建筑净高对烟气的影响。

西安建筑科技大学的于丽娜通过缩尺寸模型对地下车库火灾进行试验研究，并采用FDS软件进行火灾试验模拟研究，进行试验结果与模拟结果的对比，进一步分析火源位置、火源强度、排烟量等对烟气发展及火灾控制的影响。

安徽理工大学的张颜青应用FDS软件对某地下商场进行火灾烟气仿真模拟，分析防火分区内不同排烟方式下的不同火灾场景的烟气层高度、能见度等变化规律。

中国地质大学的于广林应用Fluent软件对西单文化广场进行火灾烟气仿真模拟，分析人员疏散安全高度、有毒气体分布、热量分布和烟气垂直扩散的状况等对人员安全疏散的影响，为人员安全疏散的判断提供依据。

北京建筑大学的杨晖通过CFD数值模拟方法对北京地铁四号线某隧道进行全尺寸模型的建立，分析纵向通风对火灾烟气蔓延的作用。

北京建筑大学的刘姣姣通过实际尺寸隧道的烟控实验，以及流体分析软件

ANSYS CFX两种方式对隧道内的烟气和温度的分布情况进行分析，归纳总结出烟气运动的规律、风机对烟气分布的影响等，为隧道的烟气研究提供了一定的参考。

重庆交通大学的刘雪应用FDS火灾场模拟软件对中国科技大学已经做过的火灾实验进行数值模拟，对影响火灾烟气层发展及火灾控制的各种因素进行分析，实验结果和模拟结果基本一致，说明了模拟结果的有效性。

（二）古建筑火灾烟气的分析

1.古建筑火灾烟气的蔓延途径

火灾烟气的蔓延主要受热压作用、风压作用、建筑物内空气的流动阻力及通风系统的影响。一般情况下，烟气会首先向上垂直蔓延，其次再向水平方向蔓延，其垂直蔓延速度远大于水平蔓延速度。火灾时，火灾烟气携带的大量热量可以很快充满整个建筑物，高温烟气流窜到哪里，就会引起哪里的可燃物燃烧，加速火势蔓延。火由起火房间向外蔓延是通过可燃物的直接延烧、热传导、热对流和热辐射扩大蔓延的。大量的火灾事例表明，火从房间向外蔓延主要途径有以下几种：第一，内墙门。建筑物内房间起火后火势的蔓延，有很大一部分原因是由于房门未能阻挡火势。一般情况下，走廊内即使没有可燃物，但由于烟气流的扩散作用，火势仍可以蔓延到其他房间。第二，外墙窗口。火灾发展到全面燃烧阶段时，大量高温烟气、火焰会喷出窗口，进而烧坏上层窗户或直接通过打开的窗口引起火势向上蔓延。另外，高温火焰的热辐射作用也会对相邻建筑物及其他可燃物构成威胁。第三，房间隔墙。隔墙如果是可燃材料或者难燃性差的材料，在火灾高温作用下容易被烧穿，使火灾蔓延到相邻房间。第四，穿越楼板、墙壁的管线和缝隙。火灾时，室内上半部处于正压状态，使得火焰和烟气流会通过室内管线，缝隙孔洞蔓延出去。此外，穿过房间的金属管线在火灾高温作用下，有时也会因热传导将热量传到相邻房间一侧，引起相邻房间起火。第五，闷顶或中庭。由于火灾时，烟气迅速向上升腾，因此吊顶、天棚上的入孔、通风口等都是烟气窜入的通道。闷顶内往往没有防火分隔，空间很大，很容易使烟气水平蔓延，并会通过闷顶内的孔洞向四周、下面的房间继续蔓延。

2.古建筑火灾烟气的控制方式

鉴于古建筑特殊的结构构造，如何有效地对火灾烟气进行控制，成为有效防止火灾蔓延、减少文物损失、避免人员伤亡的重要途径。控制的方法主要包括以下几方面内容。

（1）不燃化防烟方式

由于古建筑构造的特殊性，采用不燃化防烟是从根本上解决防烟问题的方法。此法可使火灾时室内产生的烟气量减少、烟气浓度降低。在对古建筑进行修缮或改造时，可在不破坏文物原貌的前提下，对建筑构件、装修材料等进行防火涂料的浸、涂处理，一旦火灾发生，可有效延缓火灾的蔓延和烟气的产生，为扑救工作创造有利条件。对有些古建筑中悬挂的帐幔等织物，应当尽量减少使用，如必须使用也应事先做好防火浸泡处理，尽量降低火灾烟气发生和蔓延的可能性。

（2）密闭防烟方式

扼杀、切断烟源，将火灾烟气在发生火灾时即熄灭于起火房间内，称作密闭防烟方式。具体措施有：在不破坏文物的前提下，在古建筑已有房间分隔的基础上，加强其隔断的防火性能，比如封堵缝隙，提高房间的密闭性，对隔墙门窗做防火处理、吊顶内加设防火隔断等。

（3）迅速将烟气排至安全区域

由于新鲜空气的补充会助长火势的发展，因此，此项措施仅适于人员停留量多、不易疏散的古建筑，可根据具体情况，在重要房间、临时避难间、疏散通道中加以使用。

三、人员安全疏散研究现状

（一）人员安全疏散行为研究现状

Helbing等人将人员疏散过程中的心理反应量化成社会力应用到仿真模型中，同时研究疏散过程中由于恐慌心理导致的人员之间碰撞、推挤以及在疏散出口处形成的拱形拥堵现象。

北京建筑大学的刘栋栋等学者针对北京地铁西直门站、雍和宫站、复兴门站、北京南站、北京西站等多个地铁站及火车站内部的行人运动特征进行调查，在车站内部架立摄像机，对内部行人进行持续的跟踪记录和调查，调查历时三年，获得了行人特征信息数据15万余条，为扩充我国的行人特征数据库做出了重大的贡献，也为疏散模型的建立提供了宝贵的依据。

东北大学的张培红等应用网论和关系数据库技术建立数学模型，研究疏散过程中的不确定性因子和主要影响因素，为人员疏散行为的研究开辟了新的方向。

（二）人员安全疏散影响因素研究现状

人员安全疏散的影响因素众多，其中主要包括人员的第一反应、行为习惯、疏散出口及疏散楼梯的宽度和位置、火灾时人员所处的环境以及疏散中特殊人群对整体疏散的影响等多重因素。

Pauls等人通过观测人员在建筑物内的疏散行为特征，分析了疏散出口宽度、楼梯宽度等对疏散时间的影响，同时总结出楼梯宽度与人员流量之间的关系，并提出有效宽度的概念。

Manabu Tsukahara等人通过对地铁大邱站火灾进行火灾动力学模拟，得出温度和有毒气体对疏散过程的影响，提出了有效疏散路径的概念。

中国人民武装警察部队学院的田玉敏对火灾中人员的反应时间如何对总疏散时间产生影响进行了分析研究，并对疏散群体中的个体行为差异进行了分析和探讨。

中国科学技术大学的褚冠全等应用Grid Flow疏散模型研究了疏散准备时间及疏散出口宽度的正态分布关系，并得到了疏散准备时间及出口宽度对疏散时间的影响。

四、人员安全疏散准则

火灾过程中人员的安全疏散是指在火灾产生的烟气没有危及到建筑物内人员的生命安全之前，将建筑物内的全体人员疏散至安全区域的行为。当建筑物失火后，人员是否能够进行安全疏散主要由两个特征时间决定，分别为可用安全疏散时间（Available Safety Egress Time，ASET）和所需安全疏散时间（Required Safety Egress Time，RSET）。在火灾危险状态来临之前，如果能将全部人员撤离至安全区域，则认为建筑物的防火设计是安全的。疏散过程中，要想确保建筑物内的全体人员能够进行安全疏散的前提是，建筑物内全部人员疏散完毕的时间必须短于火灾发展到危险状态的时间。因此，人员安全疏散的基本准则为：

$$ASET > RSET$$

公式中：

可用安全疏散时间（ASET）是指自起火时刻起至火灾对建筑物内人员的生命安全构成威胁的时间间隔。

根据美国国家标准技术研究所的建筑火灾研究室建立的ASET程序中的危险判据，将可用安全疏散时间定义为：

$$ASET=\min\left(t_1, t_2, t_3\right)$$

公式中：

t_1：当烟气层的高度高于人眼的特征高度（人眼的特征高度一般在1.2～1.8m之间）时，上层烟气的温度达到对人体构成威胁的温度（180℃）时的时间。

t_2：当烟气层的高度低于人眼的特征高度时，烟气将对人体造成直接的危害，此时用略低的烟气危险临界温度（100～120℃）来判定，此危险时间为t_2。

t_3：考虑烟气的毒害性。火灾烟气中有毒、有害气体的成分复杂，选取烟气中对人体有害的CO_2（二氧化碳）气体，当CO_2（二氧化碳）含量为3%时，即达到危险状态。

可用安全疏散时间是通过火灾烟气模拟分析获得的。

所需安全疏散时间（RSET）是指自起火时刻起到全部人员疏散至室外安全区域的时间间隔。火灾过程中，人员所需的安全疏散时间主要包括：

T_1：报警时间，即自火灾发生至火灾报警系统发现火情的时间间隔。

T_2：人员反应时间，即自发现火情至人员开始疏散之前的时间间隔。

T_3：人员疏散运动时间，即自人员开始疏散至到达安全区域的时间。

所需安全疏散时间的定义为：

$$RSET=T_1+T_2+T_3$$

根据《火灾自动报警系统设计规范》的规定，一般情况下，普通感烟式火灾探测器的报警时间约为45s左右。

各种不同用途的建筑物在采用不同类型的报警装置时，人员的反应时间也有所不同，具体反应时间如下表所示。

表6-1　不同建筑物采用不同类型报警装置时人员的反应时间

建筑物用途特征	人员反应时间（min）		
	报警装置类型		
	现场广播	预录广播	警铃、警笛
学校、商业用房、办公楼等（建筑内人员处于清醒状态，并且对建筑物以及报警装置、疏散措施熟知）	< 1	3	> 4
商铺、展览、博物馆、休闲中心等（建筑内人员处于清醒状态，并且对建筑物以及报警装置、疏散措施熟知）	< 2	3	> 6

由于景区在紧急情况下会采用现场广播的形式进行危险警报，因此，一般认为人员的反应时间为$T_2=60s$（秒）。

人员的疏散运动时间T_3是通过人员疏散仿真模拟结果获得的。

第二节　古建筑预防火灾的器具分析

古建筑的不可再生性决定了古建筑的消防策略——"以防为主，防治结合"。因此，现代化的预防火灾的器具就有了极其重要的位置。下面就对这一内容进行具体分析。

一、火灾探测器以及探测报警技术

（一）火灾探测器的类型

我国古建筑内大多空间宽敞、单层净高较高、通风效果好，而常规的火灾探测器的探测范围只有5～6m（米），若火灾发生在地面，烟要达到一定高度并产生使探测器报警的浓度需要较长的反应时间，很容易延误最佳的灭火时机，再加上部分古建筑内游客众多，室内的动静状态也会影响探测器对火灾的探测。另一方面，常规探测器往往密集安装在屋顶或大梁下，影响古建筑的原始风貌，因而需要一种新型火灾探测报警技术，它既可以及时准确地探测火灾，又能在安装设备时不破坏古建筑的空间特色。针对以上古建筑防火对火灾探测器的特殊要求，从安全、美观、安装方便的角度分析可知，我国古建筑可用的防火探测器包括以下几种。

1.线性光束感烟火灾探测器

线型光束感烟探测器的工作原理主要是利用火灾时产生的烟雾粒子对光线传播进行遮挡。该探测器探测范围最远可达100m，发光器和收光部分之间无信号传输线路，既降低了电气线路火灾的隐患，又保护了古建筑的原始风貌。红外光束感烟探测器又分为对射型和反射型两种。

2.分布式智能图像烟雾火焰探测器

该探测器探测范围最远可达150m，配有红外光源，可以全天候进行火灾探测，只要有烟雾、火灾出现的图像就会报警，而且对运动物体、光源、水蒸气等有很强的抗干扰能力，大大提高了火灾预警的准确性和全面性。

通过近20年的发展，图像型火灾探测器已经完全成熟，尤其是在2007年美国NFPA72将该种探测器纳入规范规定后，该种探测器在全球许多地方得到了较大量的应用。美国DHF英特威视公司的AlarmEye系列分布智能图像型火灾探测器是目前全球国际认证（UL，FM，ATEX，CE，FCC）和中国认证（CCC，防爆认证等）最全面的图像火灾探测器。AlarmEye探测器采用NIR和彩色/黑白复合图像探测，可同时进行烟雾、火焰的探测，具有探测距离远（探测能力与距离成线性反比，优于三波段火焰探测器）、耐环境性好等特点。

当然，分布智能图像火灾探测器除了进行火灾探测外，还有很重要的一些特性是传统探测方法不能达到的，比如火灾的即时确认功能，可增加智能监控功能而形成三合一系统等，对整个被保护对象的安全防护能力大大提高。

3.光电感烟探测器

光电感烟探测器也是点型探测器，它是利用起火时产生的烟雾能够改变光的传播特性这一基本性质而研制的。根据烟粒子对光线的吸收和散射作用，光电感烟探测器又分为遮光型和散光型两种。光电感烟火灾探测器的工作原理是一感光电极处于激光照射下发生电信号，当火灾烟雾遮蔽激光时，电极失电，就会发出报警信号。

4.可燃气体探测器

可燃气体探测器是对单一或多种可燃气体浓度响应的探测器。可燃气体探测器有催化型、红外光学型两种类型。催化型可燃气体探测器是利用难熔金属铂丝加热后的电阻变化来测定可燃气体浓度。当可燃气体进入探测器时，在铂丝表面引起氧化反应（无焰燃烧），其产生的热量使铂丝的温度升高，而铂丝的电阻率便发生变化。红外光学型是利用红外传感器通过红外线光源的吸收原理来检测现场环境的碳氢类可燃气体。

除了以上火灾探测器，空气采样火灾探测系统可根据不同的要求和环境调节各报警级的阈值，并可克服空气流动对烟雾探测的影响，可以及时准确地探测火灾。此外，吸气式火灾探测系统安装灵活，便于隐藏。比如建于13世纪的挪威洛姆木教堂采用吸气式感烟火灾探测系统对其神殿天花板上的壁画进行防火保护，该系统采样管直径只有6mm（毫米），几乎不会被参观者察觉，这样既保证了木教堂历史形象的原真性，又满足了防火探测需求。不同的火灾现场需要用不同的火灾探测器，具体如下图6-1所示。

（二）火灾探测报警技术

火灾探测报警技术以燃烧的各种物理现象为依据，获取火灾初期的信息，并将其转化为电信号进行处理，它为人们及时发现火灾并采取有效措施控制和扑灭火灾提供了有力支持。火灾探测报警技术不仅能够最大限度地降低火灾损失，而且可以缓解古建筑消防水源缺乏的问题。在古建筑消防防护中，应用传统的火灾探测报警技术具有一定的局限性。比如点型感烟火灾探测器灵敏度较低，且安装时必须突出顶棚表面，严重影响古建筑的空间特征；至于线型红外光束感烟探测器，虽然适用于保护高大空间且保护面积较大，但古建筑中的高

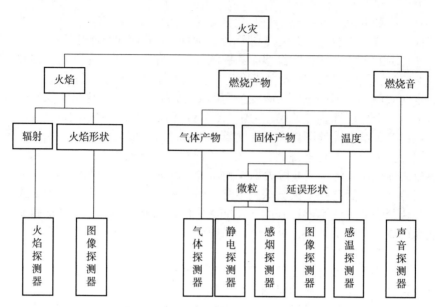

图6-1　对应火灾现象的火灾探测器种类

大空间往往有遮挡物，很难进行安装和调试，而且高大空间稀释了火灾时的烟雾浓度，导致报警滞后，影响了初期火灾的及时扑救。因此，需要一种新型的火灾探测报警技术，它既可以及时准确地探测火灾，又能在安装设备时不破坏古建筑的空间特色。

澳大利亚Vision System集团公司研制开发的空气采样火灾探测系统就能够兼顾这两个方面，非常适合古建筑的消防保护。该系统的工作原理是借助高效抽气泵，将防火区域内的空气样本通过管道网络采集到测量腔，然后测量出空气样本中的烟粒子量，若达到报警阈值，就会发出信号。激光散射测量和烟粒子计数是其核心技术，充分体现了现代神经生物学、信号处理和贮存技术的有机结合。

二、安全防范监控系统

建立完善的安全防范监控系统可以及时发现火灾隐患，排除险情，更好地保护古建筑免遭破坏。古建筑群安全防范监控系统应能覆盖全局、不留死角，对重点建筑和场所进行全方位、多角度的监测。规模较大的古建筑群应设安全防范监控中心，中心与各个重点建筑相连，并与各个消防救援点联网，一旦某一区位发生情况，可以立即通过自动电子监控系统向监控中心发出信号，监控中心自动切换系统向临近消防救援点发出指令，及时控制并扑灭火灾。

监控中心的任务包括以下四个方面：①先期应急处理：监控中心直接接受古建筑群范围内日常各类灾害事故等突发事件报警，实施统一指挥、分级处理；②灾情信息采集和分析：监控中心接到灾情情报分析报告后，依据相关预案，在组织抢救救援、展开紧急处置工作的同时，及时掌握和汇总相关信息，若有必要，应该及时提出紧急处置建议，向上级报告；③紧急救援行动：发生一般险情，监控中心统一指挥紧急处置工作；若发生特大、特殊灾害事故时，则应开通指挥部和现场之间的应急通信，保障现场应急指挥；④灾情信息发布和解除：发生特大、特殊灾情时，相关人员要负责对灾害事故现场媒体活动实施管理、协调和指导；灾害事故紧急处置工作完成后，经上级批准，宣布解除灾情终止紧急状态，转入正常工作。

三、自动消防水炮系统

由于古建筑占地面积普遍较大，建筑体量巨大，高度较高，且是火灾蔓延面积较大、损失严重的场所；内部工作人员数量相对不足，一旦发生火灾，单纯的室外消火栓往往不能够很好地在第一时间做出反应，导致火灾扑救时机的延误，这时候自动消防水炮系统就体现出了它的优势。自动消防水炮能够利用火焰传感器对火焰特有的紫外波，波段为180～260 nm（纳米）和红外波，波段为4.35±0.15 μm（微米），进行运算放大、分析处理，从而实现红紫外（或双波段）复合火灾探测，稳定性、可靠性较高。国内也有利用数字图像识别技术对火焰的颜色、形状、亮度等参数进行分析处理，从而实现图像探测火灾的，但因为图像探测火灾只是对外部可视的物理量进行分析，故存在误报概率高的缺点；但与红紫外传感探测技术结合，就能取长补短，弥补这样的缺陷。所以近年来在一些国家级重点文物保护单位也开始采用消防水炮来加强自身的扑救能力。

消防水炮是以水作介质，远距离扑灭火灾的灭火设备，主要组成部分包括：①供水系统，主要由水源、消防水泵、高位水箱或气压稳压装置、水泵接合器和管路组成，其目的在于能给装置提供快速的、充足的水源；②执行系统，主要由灭火装置、电源装置、火灾自动报警装置等中间执行装置组成，即当发生火情时，执行灭火及报警动作的相关组件；③控制系统，由联动控制柜及区域控制箱、系统电源控制器、计算机火灾（视频）监控系统组成。其目的在于对供水系统和执行系统进行控制，可灵活地实现手动、自动以及现场、消防中心的各种操作，有效完成从发现火灾直至扑灭火灾等一系列动作，并能使自动跟踪定位射流灭火系统通过输入模块和输入输出模块直接与火灾自动报警中心连接，保证火灾报警系统的整体性。

常见的固定式消防水炮有两种，即自动式和手动式。自动式消防水炮采用了数控技术和图像型火灾探测技术，可以进行火灾自动报警和自动扑救；手动式是指人员按下消火栓按钮，警报通知至控制室，然后值班人员持消防水炮进行灭火。在古建筑防火中，采用手动和自动两种操作方式相结合是比较理想的选择，这种复合型的系统既能够确保系统在火灾发生的第一时间做出反应，又能够确保在系统出现误报或系统故障的情况下及时避免出现损失。

消防水炮一般只用于室外，且其布置应使水炮射流完全覆盖受保护场所，除此之外，消防水炮须满足灭火强度和冷却强度。

①消防水炮应设置在当地主导方向上风向；

②当消防水炮工作可能受到障碍物阻挡时，应设置消防炮塔；

③消防水炮在古建筑群落中应用时应进行有效的伪装。

水炮的位置选择不能留下消防水流无法喷射的死角，水炮设计流程和流量应符合以下规定：一是水炮射程应符合相关要求，古建筑室外水炮射程应按产品射程标准值的90％算；二是水炮的设计压力应在规定的工作压力范围内选用；三是水炮的设计射程可按以下公式确定：

$$D_s = D_{so}\sqrt{\frac{P_e}{P_o}}$$

公式中：

D_s——水炮的设计射程（m）；

D_{so}——水炮在额定工作压力时的射程（m）；

P_e——水炮的设计工作压力（MPa）；

P_o——水炮的额定工作压力（MPa）。

当上述计算的水炮设计射程不能满足消防炮布置的要求时，应调整原设定的水炮数量、布置位置或规格型号，直至达到要求。

4.水炮的设计流量可按以下公式确定：

$$Q_s = q_{so}\sqrt{\frac{P_e}{P_o}}$$

公式中：

Q_s——水炮的设计流量（L/s）；

q_{so}——水炮的额定流量（L/s）。

除此之外，室外配置的水炮其额定流量不宜小于30L/s；扑救室外火灾的灭火用水连续供给时间不应小于2.0h；

选择消防水炮来替代传统的由人员进行操作的室外消火栓其优点在于智能化程度高，可以有效地对古建筑火灾快速进行反应；能够降低灭火人员在救火过程中的危险系数；有效减少人员使用量。但是其缺点同样明显，造价高，系统复杂，受地形限制严重。在选择消防水炮作为消防设施时，应选择在空间开阔的院落进行使用。

四、小型消防车

现有的一些消防车辆已经能够解决古建筑道路狭窄问题，如下表所示，一些小型消防车的宽度不足两米，转弯半径不足6.5m。这样的消防车价位通常在数万元不等。对一些消防经费短缺的地区，可以采用改装原有车辆的方式，比如改装原有的农用车、旅游观光车、摩托车甚至自行车，通过加上灭火器、水泵、水罐、水枪、消防水带等装置，改装后的车辆可以很好地适应传统聚落的街巷空间，并且成本低廉。

表6-2　消防车尺寸和转弯半径

消防车型号	外形尺寸（mm）			最小转弯半径（m）
	长	宽	高	
CQ23曲臂登高	112100	2600	3700	12.00
CG18/30A型水罐泵浦车	7200	2400	2800	8.00
CP10A型泡沫车	7200	2400	2800	8.00

续表

消防车型号	外形尺寸（mm）			最小转弯半径（m）
	长	宽	高	
CST7型水罐拖车	10040	2400	2400	9.20
CGG30/35内座式水罐消防车	6910	2420	2960	8.00
CBJ22型轻便泵浦消防车	4160	1915	1960	<6。50
CBM510型泵浦消防摩托车	2400	1590	1300	<3。00
迷你消防车（台湾彰田企业股份有限公司生产）	1770	1040	1780	<2。50
迷你抢救车（香港）	2060	1160	1400	2.50
消防电单车（香港）	2230	900	1320	2.50
前线指挥车（香港）	4615	1835	1840	5.25

第三节 BIM技术在古建筑全生命周期信息模型中的应用

随着BIM技术的不断成熟，BIM所体现的价值日益凸显，BIM思想与技术也越来越多地应用到古建筑保护中，为古建筑保护提供新的途径。基于BIM的信息化保护即借助BIM思想技术方法，根据古建筑保护的需求进行古建筑的信息化保护工作。BIM从开始便着眼于全局的特点，决定了基于BIM的古建筑信息化保护方案是以古建筑信息模型中的信息为前提，然后分析古建筑全生命周期的信息，确定古建筑模型的属性信息，再逐步展开古建筑信息化保护工作。

一、BIM技术的特点

随着计算机软件的发展，目前常用的建筑模型软件已经可以根据建构实体空间的三维尺寸、位置、材质、色彩等信息进行比较快速的建模。应用较为成熟的BIM（Building Information Modeling）技术从建筑设计和施工等领域的需求出发，可以为建筑全生命周期提供更高的服务。BIM即建筑信息模型，是集成建筑工程中各种相关信息的三维数据模型，可以详尽地表达工程项目中的相关信息。三位数字技术与信息管理技术的融合，使建筑信息模型可以解决建筑模型与信息分离的问题，提高设计师与工程师应对各种信息的判断能力，成为专业间协同合作的坚实基础。BIM作为全生命周期模型，融合了设计、建造以及管理的数字化方法，可以极大地提高建筑工程项目的进程。

（一）复合信息模型

与传统的二维图纸相比，BIM可以更直观地实现建筑的可视化设计，通过三维模型表达建筑的几何特征，协助建筑师进行创作设计。与传统的三维建筑模型相比，BIM模型记录了所有与建筑工程项目有关的信息，这种信息处理能力具有更高的应用价值。BIM模型突破了建筑领域图纸与模型同步修改的瓶颈，实现了模型与图纸的实时动态同步，参数化规则全局自动更新，避免了大量的机械式修改工作。同时，BIM模型复合记录了建筑工程项目从建筑概念设计到运营维护整个生命周期的动态信息，将各个环节紧密联系在一起，在信息的全面整合方面上升到了新的层次。

（二）信息共享

BIM实现了信息的共享，并以模型承载信息，创建信息共享协作式的环境，使信息高效地沟通、复用和共享，同时避免信息丢失或误解，帮助所有工程参与者更容易获取所需信息，提高决策效率和正确性。

BIM解决方案下的信息共享分为两层含义：一是模型内的信息共享，二是项目不同阶段间的信息共享。模型内的信息参变着该模型，通过不同模型间的信息互用，在不同项目阶段通过信息的协同交互实现特定的工作目的。

模型内的信息不仅描述着模型对象本身，同时是不同模型对象间关系的描述。模型内部信息对模型本身的描述，包括几何信息以及该模型生命周期内所需的所有其他非几何类信息；模型与其他模型之间关系的信息是模型间信息传递和确定模型间位置关系的通道。模型内的信息共享包括单个模型内部的信息共享及模型间的信息互用，通过信息的动态共享，保证模型内信息的统一、协调，也可通过特定参数信息的修改来参变模型，模型作为信息的载体，具有可视化及模拟性，信息描述模型使模型更接近于真实，但不是所有信息都要附加到模型里，而是根据模型的使用需要确定模型的信息标准，附加到模型中，共同构成信息与模型的综合数据库。模型内对不同模型对象间关系信息的描述记录着该模型与相关模型的功能关系与位置关系，通过特定联系建立起来的模型单体作为一个单元，是项目信息的来源与载体，模型中记录的关系信息共同协调着模型集合中的各个单体的信息，并共同构成一个信息平台。通常来说，BIM模型内信息的结构关系可如图6-2所示，良好的信息逻辑结构是保证信息共享过程中保持统一性的基础。

BIM信息在不同工作过程之间交互从而建立BIM工作流，是BIM信息价值实现的关键，也是BIM思想的核心。BIM在不同阶段的信息交互可能会借助不同的软件，需要不同软件之间进行数据交互，BIM模型的创建及事前准备工作需考虑其能否成功被其他软件所使用。通过同一或不同软件间的信息共享及互用，使信息在项目的不同阶段为团队服务，根据业务流程的需要建立特定的工作流，奠定BIM协同工作能力的基础。BIM信息在整个项目周期内为项目团队的所有成员之间共享信息的方法可如图6-3所示。

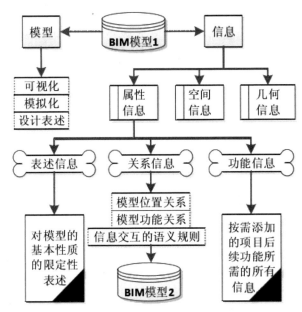

图6-2　BIM模型内的信息结构关系

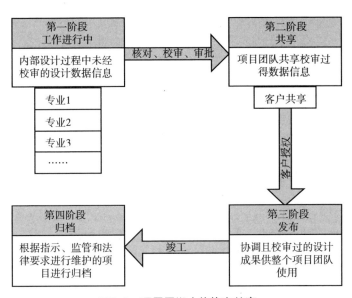

图6-3　项目周期内的信息共享

（三）协同工作

团队中各个成员的密切协作是建筑工程项目完成的基础，当建筑工程项目具备一定规模与复杂程度时，不同专业间的相互协调就显得尤为重要了。传统的项目团队合作方式是先将图纸与工程资料分离，各参与方定期互访，进行节点式的配合。这种合作方式往往造成专业间以及项目各参与方的信息沟通不畅与信息重复，效率较低。BIM式的合作方式是将同一建筑信息模型作为各参与方的工作焦点，建筑模型集成各专业的信息，突出其交互复用能力，项目的参与方与责任方通过模型进行信息沟通，进行高效的协同工作。BIM式的协同工作是信息的共享、分析、完善的过程，通过"工作共享"使多人编辑同一模型，通过"模型链接"设置"编辑"与"只读"的建模状态。由此，BIM模型中的信息可以实时更新、联动更新，项目参与方通过BIM平台实现高效协同配合，避免大量重复性的工作与信息在传递过程中丢失或滞后，提高信息目标的一致性与参与各方的工作效率。

二、古建筑保护中引入BIM技术的必要性

（一）保护原则的需求

原真性原则是表示古建筑的真实性、准确性。"原真"作为一个术语引入到古建筑保护中，所涵盖的内容远远不止古建筑等物质遗产，还包括自然环境与人工、艺术与发明、传说与宗教等非物质文化遗产。原真性是古建筑保护最为重要的一项原则。"原真"在古建筑保护领域中是判定古建筑价值的重要指标之一，具体如下。

一方面，"原真"可以理解为古建筑的设计与形制、材料与实体、地域与环境等方面的真实性。在古建筑保护层面上，"原真"是对古建筑真实性予以判断的主要标尺，是开展古建筑形制年代研究的基础，所以对其研究具有一定的必要性。

近年来，古建筑的原真性得到了广泛的重视，为确保古建筑的原真性，避免大量古建筑信息遭到破坏，相关部门已经针对古建筑的形制做出区分，并展开分析研究活动，建立古建筑构件数据库，以更好地制定各地古建筑形制标准，为记录和管理的规范化等研究做充分的资金投入。信息化技术的到来解决了上述问题，并提供了新的思路和新的模式。BIM全生命周期管理与古建筑信息的保护与管理的思想相契合。采用BIM技术能够实现古建筑图形信息、属性信息等多方面信息数据的记录与更新，更有利于开展古建筑保护工作的检测工作及动态管理工作，使古建筑保护工作的效率显著提高。BIM的参数化设计、协同设计等核心思想同样适用于古建筑保护领域。因此，将BIM技术引入古建筑保护领域是顺理成章的。采用BIM技术，对古建筑信息进行有效地储存、记录与管理，确保几何信息和非几何信息完整、准确地传递，使信息能够量化输入、动态管理及实时更新，相关部门对信息资料的掌握也更为及时，在此环境下古建筑评估工作显得更为客观、公正。与此同时，以BIM技术为核心，可以实现古建筑保护信息化，为"原真"的解读和落实提供了可行性的方案。通过信息化技术的应用能够更为客观、公正地对古建筑的历史、艺术、科学价值予以体现。所以信息化技术是古建筑保护的内在要求，也是古建筑保护的发展趋势。

另一方面，"原真"可以理解为古建筑精神文化的传承和传统技艺的传承。目前关于古建筑的营造方式、修缮工艺、精神文化等方面的传承均存在信息源真实性的问题。对"原真"的解读也可以佐证古建筑保护领域引入BIM技术的必要性。

（二）保护工作的需求

1.古建筑保护工作处于低水平

当前古建筑保护的工作主要围绕建筑单体及建筑群组展开调查、测绘，进而根据古建筑的特征、现状展开全面地分析、评估、判断，并落实相关保护计划、日常维护工作以及展示工作。关于古建筑保护的具体内容，除了历史环境保护工作、古建筑及场所保护工作等方面以外，还包括了古建筑的文化传承、工艺经验等多项工作。

古建筑的基本特征是不可再生的，一旦失去了就永远失去了，任何复制品都没有原有的价值。因此，保护古建筑必须要对其整个生命周期包含的历史信息、文化信息、科学和情感信息予以保护，而这要求人们必须要对传统的保护观念予以调整，将保护工作的持续性、动态性予以体现，才能够更好地转变当前古建筑保护工作水平低下的状况。其中导致当前古建筑保护工作中信息记录仍然处于较低水平的主要因素有：

其一，当前我国古建筑保护体系中并没有关于古建筑信息记录与管理的部门，即使有专业的人员负责古建筑信息记录与管理，但在获取信息方面也存在较多问题，导致当前古建筑信息无法作为社会的共享资源。这侧面反映出，相比于古建筑抢修和保护工作的开展，古建筑信息的记录与管理并没有得到广大社会群众的理解与认识，更不用说将其作为往后的古建筑保护工作的基础。其二，国内相关部门的监督与指导体系不健全。发展至今，关于古建筑信息记录与管理方面的相关规范仅仅涉及文本、电子数据的记录等内容，其中较为核心的技术标准并没有涉及。另外，关于古建筑信息记录成果并没有专门的部门负责，古建筑信息记录链条的终点被社会各类人群所利用。根据相关数据调查，目前国内高效且公开的古建筑信息查询方式并没有出现，并且相关的信息资料也很少，缺乏相关体系予以引导，导致很多古建筑信息资料流失。与此同时，国家相关部门对该项工作的重视程度较低，存在可支配经费不均衡的现象，在此环境下古建筑保护工作一直难以高效开展。

2.提高古建筑保护工作质量

当前国家相关部门对古建筑保护的重视程度逐步加大，随着经济和人才资源的大量投入，关于古建筑保护的研究范围也逐步拓展，研究更为深入。一方面对古建筑保护提出了更高的要求，其中分别包括信息采集、信息管理、信息共享等多个方面；另一方面对测绘成果也提出了更高的要求，例如实现动态化管理、可视化分析和共享等。在此环境下，关于古建筑保护的工作，必须要做到动态管理与实时监测，向科学、系统、完整的方向发展，只有这样才能够更好地满足古建筑保护的需求，才能够将原本被动的古建筑抢修性保护态度转变为主动性、预防性的保护态度，并将古建筑保护的人文精神予以体现。与此同时，国家相关部门在近几年来也逐步加强了对古建筑的挖掘与剖析，围绕以BIM技术为主的核心技术，通过建立和完善古建筑组群、古建筑单体的双向尺度信息管理系统，使古建筑信息的保护工作更具科学性，相较于传统手段，BIM技术对古建筑保护领域的优势也得以充分体现，但在具体工作环节中也有如下几个方面的问题。

（1）关于基础资料

当前我国各个地区保护单位拥有的基础数据量均不相同，各地区政府部门为其投入的资金量各有不同。所处的环境条件、技术水平等各方面均有差异。其中很多地区的测绘数量以及相关成果相对较多，但还有很多地区还缺乏基础数据，急需进行古建筑信息数据的收集。

（2）关于保护与规划

以往的古建筑信息数据记录及管理方式对古建筑空间信息的相关属性资料存在易割裂性，因此各种类型的资料数据极容易混淆，信息的查询难度大，信息表达方面也无法体现直观性。在古建筑保护与规划层面上，通过以BIM技术为基础建立的综合信息数据管理系统，能够实现对各项空间信息数据的记录，其中包括材料数据、年代数据、所有权数据等相关信息。在此环境下实现了空间信息与非空间信息之间的联动，能够更好地实现图形与非图形数据的查询、检索与分析方面的工作，使得古建筑信息记录与管理的方式更为高效。在此环境下古建筑信息数据共享方面的问题将得到有效解决，古建筑信息数据的评估结果也将更为客观、全面。

（3）关于分析研究

通过BIM技术的应用能够更好地确保古建筑保护工作得以顺利开展，并且能够实现各种类型的数据分析，通过数据分析又可以为保护工作提供指导和数据对比。结合采集的图像信息数据、图片信息数据及古建筑信息实现实景分析工作。通过构建BIM信息模型还可以分析古建筑单体与构件的时空分布特征。另外，通过BIM技术的应用，能够实现古建筑时间属性信息的存储，并实现数据的可视化分析工作，使古建筑保护的研究分析工作开展得更为顺畅。

（4）关于日常监测管理

古建筑的保护工作会随着其整个生命周期而展开，通过对BIM技术的应用能够获取实时更新且全面可靠的古建筑日常监测信息数据，并且能够向相关保护部门提供各个时间段的动态信息数据，更好地确保古建筑保护决策的科学、合理性，确保古建筑保护工作提高效率。

综合以上所述四点内容能够了解到，古建筑保护工作迫切需要信息化技术的推动。在此环境下才能够更好地展开古建筑保护工作，这也是未来古建筑保护发展的趋势。

（三）公众的需求

古建筑是历史的见证，是祖先遗留给我们的、能够传承下去的遗产，因此对其保护不仅仅是国家相关部门的工作，更是广大社会群众的责任。随着社会的发展，广大社会群众对古建筑的保护意识也逐步提高，同时对古建筑信息的需求也有所提高，但当下古建筑信息的共享情况与之形成矛盾。目前古建筑测绘成果已经逐步向数字化转型，但关于成果信息的传递方式仍存在较大局限，主要的原因是缺乏相关管理制度及引导，缺乏管理模式推行信息传递，在此环境下保护工作中各专业领域的信息无法实现高效共享与传递，面向广大社会群众的信息服务与信息共享就更是难以实现。为此在寻求高效古建筑信息的管理方法的同时，必须要满足以上所述需求，将各种困难予以克服，才能够实现高效的信息共享，才能够更好地满足时代发展的需求。

通过对古建筑原真性的内在要求、保护工作的必然选择及公众意识的迫切需求的详细分析，我们可以看出信息化变革带来的新方法能有效改进现有的古建筑保护工作方式，信息化也必将成为古建筑保护的发展趋势，同时也是古建筑保护工作中引入BIM技术的必然选择。

三、古建筑时间维度信息分析

古建筑时间维度信息主要从古建筑保护流程及内容考虑，划分为测绘阶段、检测阶段、修缮阶段、维护阶段四个阶段，从各个阶段分析古建筑的工作内容和工艺工法等。

（一）测绘阶段

1.测绘方法

传统的古建筑测量以手工测量为主，主要的工具有直尺、角尺等，随着科技的发展，有许多高端设备如全站仪、测距仪、近景摄影测量仪、三维激光扫描仪等在古建筑测绘上得到应用，提高了古建筑的测绘效率与测量精度，并且避免了测绘过程中因接触古建筑而引起的古建筑损害。如图6-4所示，西安都城隍庙三维激光扫描后处理的图形。

图6-4 西安都城隍庙三维激光扫描图

2.测绘原则

（1）古建筑测绘时应当遵循从整体到局部、从结构到细部的原则。先是整体风格、艺术，再到平面布局、梁架、结构，然后是主要构件的样式，再然后是各种细节特征。

（2）草图绘制原则。绘制草图时比例适宜，如果比例过大则同一内容在一张图纸上容纳不下，如果比例过小则内容表达不清楚，并造成标注尺寸与文字的不便；同时还应注意构件之间的比例关系正确即草图中各个构件之间、各个组成部分与整体之间的比例尺寸关系与实物相同或基本一致；草图中的每根线条力求准确、清楚；草图全部绘制之后应当进行核对和检查，将草图内容与测绘对象进行对比排除错、漏等情况。

（3）测量原则。测量时工具应当摆放在正确的位置上，以便能准确测出所需要的尺寸；测量构件时，测量部位尽量选取建筑的中轴线，以确保测量的连续性和准确性，切忌随意选择位置测量尺寸。

古建筑测绘阶段所产生的信息分为：

测绘图：古建筑布局图、单体建筑平面图、立面图、构件及构造节点详图按固定的比例尺绘制。总图比例尺1∶500；主要记录古建筑尺寸参数，为后期的修缮与重建提供精确的尺寸数据。

文字记录：古建筑位置、建筑类型、建筑用途、古建筑构件材质及年代、测绘单位名称、测绘日期。

图像记录：对无法通过测量来记录的信息，如彩绘形式等，需要利用图像的形式来记录其信息特征。

（二）检测阶段

古建筑检测分为法式勘察与残损情况勘察两类。法式勘察，应当对古建筑的时代特征、结构特征和构造特征进行勘察；残损情况勘察，针对古建筑的承重结构及其相关的工程损坏程度与原因进行勘察。

随着技术的发展，无损检测技术在古建筑方面的应用，如横向应力波、纵向应力波、超声波等技术的应用，在很大程度上保证了检测结果的准确，而且其检测时间大大缩短，提高了检测效率。以下对各检测技术的原理及其优缺点进行介绍。

1.超声波法

超声波法是使超声波脉冲进入木材，通过收集器收集脉冲信号的强度，依据信息强度对木材内部的空洞、腐朽严重程度等进行判断，并且通过收集的信号强度值，可以计算检测木材的腐朽程度及弹性模量等信息。

2.应力波法

应力波法是依据应力波在木材中的传播时间来判定木材的空洞及腐朽情况。其原理是应力波依靠木材介质来传播，完好的木材由于应力波走直线则传播时间短，有损伤、空洞的木材由于应力波走曲线则传播时间长，受损程度越严重其传播时间越长。通常情况下，当应力波传播时间增加30%时，就意味着木材强度损失达到了50%；当应力波传播时间增加50%时，就意味着木材遭到了严重的损害。

超声波法与应力波法都可以检测出古建筑构件内部腐朽、空洞的程度，这两种检测方法不会对古建筑造成人为的损伤，而且其检测的数据结果较为精确，可以为古建筑受损程度做定量的分析，为古建筑保护提供准确的数据。

检测阶段时注意事项：一是禁止使用一切有损于古建筑及其附属物的检测，比如强震动等；二是勘察过程中，若发现险情或文物等应当立即保护现场并及时报告主管部门，检测人员不得擅自处理。

古建筑检测阶段所产生的信息分为：

构件的物理特性：构件的强度、弹性模量、含水率、抗压强度、抗弯强度等物理特性。

文字信息：古建筑构件的腐朽程度、虫蛀程度判定、测绘单位、测绘日期。

文档信息：古建筑检测报告、古建筑结构可靠性的鉴定报告。

（三）修缮阶段

由于古建筑受自然的侵袭和人为的破坏，需要在一定程度上对古建筑进行修缮。古建筑修缮前需要邀请文物保护专家、技术人员、质量监管人员等相关人员进行专题研讨会。一方面反复实测、分析现状提出维修方案；另一方面维修方案应遵循古建筑的修缮原则，主要有：第一，修旧如旧原则。如《文物保护法》中第十四条规定："核定为文物保护单位的革命遗址、纪念建筑物、古墓葬、古建筑、石窟寺、石刻等(包括建筑物的附属物)，在进行修缮、保养、迁移的时候，必须遵守不改变文物原状的原则。"第二，整体性原则。修缮前需要对古建筑整体特征具有深刻的理解，不能由于局部的修缮影响古建筑整体风貌。第三，对古建筑的改动尽可能地小。第四，加强日常保护，减少不必要的大修。第五，尽量采用传统工艺、材料和传统施工方法。修缮工程中选材就是合理地使用木材，所谓合理使用就是既要保证工程质量又要尽量考虑和建筑物原有构件的统一，同时注意节约、避免浪费。

工程的验收：对古建筑修缮完成时应当对古建筑的复原工程进行验收，验收时修缮单位应当提供竣工图纸（注明施工中所有更改的内容）、材料和材质状况报告。

对木构架工程其构件形制应符合原状或设计要求，木构件的材质、树种应与原件相同，木构件的安装应当在允许的偏差范围内。对石料工程验收，石料表面不得有裂痕、残边等缺陷，接缝应当勾缝均匀。抹灰刷浆工程验收，其材料、配合比、厚度等应当符合设计要求，同时抹灰、刷浆表面应当平整，不得有裂纹、起泡等缺陷。对油漆彩绘工程验收，其彩画规制、题材、色彩的光泽、原材的配比应符合设计要求，并且贴金质量、金线不得有漏贴、毛边等缺陷。其他工程的验收都应当按设计要求及现行的国家有关标准进行。

古建筑修缮阶段所产生的信息有：

文字记录：修缮单位、修缮日期、修缮构件的名称、修缮构件的编码。

文档信息：修缮技术、竣工报告、工程验收报告。

图片：对原始构件的图片记录。

（四）维护阶段

古建筑由于其建造材质多以木材为主，非常容易遭到破坏，需要对古建筑定期进行保养。日常保养是最基本和最重要的手段，尤其是古建筑在搭建时构成的空隙较多，通风良好，发生火灾时极易形成立体燃烧。古建筑以木材为主的特点使得古建筑极易受到虫蚁的侵害，尤其处于高部位的构件通常不易发现，到发现时往往较为严重。

针对目前古建筑防火措施不足的问题，主要的防火内容有：①针对古建筑采用的木材耐火性能差等性能，在材料方面古建筑的梁、柱等主要木质构建表面涂刷防火阻燃透明油漆，在建筑内使用耐高温防火装饰材料，以发挥隔温阻燃作用防止火灾蔓延。②适当地进行防火分割。古建筑中的封火墙——马头墙是常见、有效的防火措施之一。古建筑高低错落，实体土墙相接相对，其功能之一是隔断紧邻的建筑，实现建筑的防火分区和防火单元的功能，且户户分割使得防火单元划分更小。③消除电气火灾隐患。古建筑内部使用的电线应当使用铜线且应设计接地线，使其符合消防技术标准和管理规定，同时加强对古建筑周边的乱搭乱接的电线的管理。④添加消防设备、建立火灾自动报警系统。一方面做好早期的火灾探测，将火灾消灭在萌芽期；另一方面引进现代消防设备以利于初期的火灾扑救。若火灾不可控时，更为疏散人员争取了逃离时间。⑤改善通风防潮条件，保持构件的干燥。对发生的轻微虫蚁灾害使用技能防腐、杀虫且对古建筑木材无损伤的药剂进行灭虫害处理。

古建筑维护阶段所产生的信息分为：

文字记录：防火设备名称、设备管理人员、设备有效期、木材燃烧值等。

文档信息：管理人员巡查记录等。

图纸：设备、预警系统布置图等。

四、基于BIM的古建筑信息化保护

基于BIM的古建筑信息模型很大程度上解决了古建筑保护工作中不同阶段信息重复建立及丢失的问题。虽然不同参与方仅依据自身的需要使用古建筑信息模型，但承载信息的模型实现了变革，模型正是在工作中从创建到逐步完善的，不但记载了古建筑保护工作中的"点点滴滴"，更在实际工作中协调各个参与方，促进各个参与方信息交流，使得参与方都在围绕如何更好地保护古建筑的目标下，更加高效地完成各自的任务。

古建筑是古建筑信息模型创建与应用的最大受益者。利用信息模型可以使古建筑在今后的保护工作中依据模型中的信息对建筑物保护方案、技术的优劣做出各种分析与比较，从而得到高效的保护方案。同时积累的信息不但可以支持古建筑在修缮阶段降低成本、缩短工期、提高质量，而且可以为以后的日常运营、维护、防火等服务。因而不论是正在进行的保护工作还是使用阶段，都可以利用信息模型对古建筑物的质量和性能进行时时的监控。

但古建筑保护过程中参与方多、信息量大，各参与方在不同阶段之间衔接容易出现问题，同时缺乏实时的交流也容易引起信息的延误与滞后。为了避免信息滞后等问题的出现，方便各参与方之间的交流，使得参与者更加高效地沟通、复用和共享，避免信息延误，帮助所有工程参与者更容易地获取所需信息，提高决策效率和正确性。这就需要构建面向古建筑全生命周期信息管理的信息平台。

信息平台是一个应用计算机和信息处理技术，在古建筑全生命周期内，为古建筑参与方提供一个信息交流和相互协作的信息平台环境。由于古建筑信息平台所涉及的面较广，不但涉及古建筑保护过程中的信息，同时也涉及计算机方面的数据交互与数据通信，还包含数据库的建立与管理等专业。下面将从古建筑信息平台的构建原则与功能对信息平台作简单的介绍。

（一）信息平台的创建原则与功能

1.原则

（1）权限性

对各个参与方来说，在访问信息模型中的数据时，需要明晰每个参与者的权限设置。需要明确不同的参与方对信息数据的管理权限，以保证各数据及时更新、纠正、删除等。对各参与方有权修改及更新各自工作中的数据，对其他人的信息无权修改，只能查看，若要更新与修改测绘信息需要提供验证口令。

（2）实时性

主要关于模型中数据变动后的及时反映，即各个参与方在权限设置范围内对数据的建立、修改、更新等，都能及时地反馈给其他参与方，并及时更新到信息模型数据库中，以保证数据的准确性和实时性。

（3）数据交互性

由于古建筑信息模型中含有较多的详细信息，其详细信息由多种的数据格式（既有word文档、dwg文件也有视频文件与图片格式），对信息平台的数据的通信要求较高，以免产生由于数据不能传递而引起的数据缺失以及信息无法查看的问题。

2.信息平台功能

（1）信息平台，一个信息交流的平台，对涉及多专业领域的问题给各个专业人员提供了一个信息交流的平台，使得出现的问题能及时解决。同时对模型中更新的信息也能够及时地传递到相关的专业人员，避免了信息的滞后性。如图6-5所示，各专业人员在信息平台上的交流与协作。

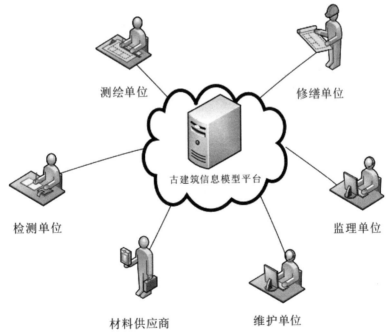

图6-5　参与方基于信息平台的协作

（2）信息储存平台，信息平台的另一个功能是为古建筑信息提供了一个信息储存与信息管理平台，把古建筑所涉及的信息相应地存入其中，不但方便了古建筑保护工作者的工作，也加强了古建筑信息的管理。

（二）古建筑信息化保护的关键点

古建筑保护的最主要目的就是最大限度地延长古建筑的存在价值。古建筑信息化保护的实现离不开以下几个关键点的支撑。

1.建立信息化模型

若要实现古建筑信息化保护，创建信息模型是基础。这要求分析古建筑保护工作中的信息内容、分析古建筑全生命周期所涉及的信息，同时对信息格式、信息编码等进行规范化、标准化等研究，将种类繁多的古建筑信息提取出来并储存到模型中。最终所建立的信息模型满足所有的参与方所需要的应用要求。

2.协同设计平台

协同设计平台需要以信息模型为基础，但为确保各参与方能在前期的古建筑保护工作中，加强各参与方的互动交流，加强参与方在不同工作阶段处的衔接、协调资源利用等，这就需要搭建一个信息平台保证信息的有效传递与信息交流的实时性。

基于信息化对古建筑的重要性，为了实现BIM技术对模型与信息的整合，实现古建筑现实与信息化的融合，为古建筑信息化保护工作的信息化实施提供环境。信息模型可作为信息的载体，可以解决古建筑保护信息储存的问题；对古建筑信息模型的管理，可利用图形数据库的信息进行管理；古建筑信息的共享可借助信息平台，通过服务器实现客户端对古建筑数据库中信息的需求，高效便捷；古建筑保护过程中，可将详细信息保存在文档中，用户需要查阅具体保护信息时方便浏览。基于BIM思想建立的古建筑信息保护的解决方案如图6-6所示。

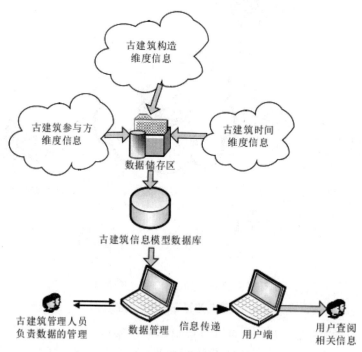

图6-6　基于BIM的古建筑信息化保护

五、BIM技术与多维技术集成的优势

随着各项技术的发展，现阶段BIM技术与多维技术集成应用解决了许多建筑工程中的难题。因此，将BIM技术与多维技术的综合应用引入到古建筑保护中，也可以提高古建筑保护工作中信息采集精度、加强信息管理与共享、方便保护工作协同等，相比传统保护工作方法更具效率和准确性。

（一）BIM+GIS

地理信息系统，其英文简称为GIS，是用于管理地理空间分布数据的计算机信息系统。地理信息系统以直观的图形方式存储、获取、管理、估算、分析和显示与地理位置有关的各种数据。BIM与GIS集成应用，是通过系统集成、数据集成或应用集成来实现的，将能够更好地发挥各自的优势。当前二者集成在多方面广泛应用，其中包括了城市规划、城市交通与微环境分析、市政管网管理、数字防灾、建筑遗产保护、成本控制等。

在古建筑保护层面上，BIM与GIS集成应用，可提高古建筑保护工程的管理能力。一般BIM应用主要围绕的是将某一个古建筑物作为对象，而GIS面向的对象范围较广，可以扩展至古建筑周边的环境。同时，还可增强古建筑信息的保护管理能力，将BIM应用延伸到运维阶段。

（二）BIM+3D扫描

3D扫描是集合机、光、电及计算机技术于一体的高新技术。它可以扫描物体空间外表、结构和颜色，并以此获取物体的空间坐标，具有测量速度快、精度高、使用方便、其测量结果可以与其他软件直接对接等优势。3D扫描技术也被称之为实景复制技术，其通过激光扫描实现对对象的测量，能够获取测量对象的表面空间坐标信息，快速地实现3D影像模型的构建，为使用者提供更为直观、精准的测量数据，该技术的出现进一步推动了行业发展。3D扫描初始结果主要是点云的形式——一系列具有三维坐标的点的集合。通过对点云数据的去噪处理及链接处理，可以实现测量对象的数字化三维模型构建。3D激光扫描技术能够将古建筑全面、完整地记录，能够更为直观地反映测量对象，有利于古建筑勘察工作的开展。

通过集成BIM与3D激光扫描技术，在古建筑保护工作的开展中尤其是古建筑信息采集方面有较大的优势，通过对其进行扫描，继而转化为数字化信息存储，为日后的保护修缮工作提供更多的便利。另一方面，可通过3D激光扫描技术得到古建筑的真实信息，为其量身定制保护计划。通过对比BIM信息模型及3D扫描数据模型，实现数据的协调与转化，能够辅助古建筑的日常维护，使古建筑保护工作变得更为高效，这是传统测绘方法所无法实现的。

（三）BIM+虚拟现实

虚拟现实，也称虚拟环境或虚拟真实环境，是一种三维虚拟技术。该项技术结合传感技术、测量技术、计算机技术、仿真技术等多项技术，能够给人形成一种结合视觉、听觉以及感觉的三维感觉虚拟空间，并向外界传递更为直观、全面、真实的信息数据。虚拟现实技术主要是通过对计算机的利用，继而

将复杂的信息数据实现可视化处理。通过对比传统人机操作及视窗界面，虚拟现实技术实现了质的飞跃。通过集成BIM与虚拟现实技术，能够构建出逼真的3D效果的虚拟场景，与此同时还能够对施工进度、施工方案、施工成本等多项信息数据实现模拟，通过BIM信息库的应用，进而更好地将虚拟现实技术在建筑项目中体现。

通过BIM与虚拟现实技术集成应用的古建筑，进一步突破了保护工作的效率与质量，信息传达也更为真实、全面。通过集成BIM与虚拟现实技术，能够更好地实现信息整合及虚拟场景的构建，并结合多维信息模型实现数据模拟，有效地指导古建筑保护人员开展相关工作。同时，能够提高保护工作开展期间各参与方的交互性。在古建筑虚拟场景中通过引入各种保护方案，可以感受不同保护方案下的工作成效，以确定最好的保护计划。同时通过三维虚拟模型更直观地观察古建筑的修缮过程，也能够及时发现其存在的不足之处，保证保护工作质量与效率的提高。

（四）BIM+云计算

云计算是一种依托于互联网的计算形式，以这种方式共享的信息资源和软硬件均可按需供给计算机和其他终端使用。通过集成BIM与云计算，能够有效地将两者的优势充分结合并将BIM应用转化为BIM云服务，当前两者的集成应用仍处于初步探索阶段。由于云计算的计算能力相当强大，结合BIM的应用，数据计算能力将得到有效提高，信息存储方面也能够上传云端，更好地实现数据共享。通过云计算的应用，能够将BIM技术的空间限制打破，能够实现更为高效的信息获取及服务。

在古建筑保护中，BIM与云计算集成应用，通过充分利用云计算能力，可以将信息量巨大的古建筑信息模型转移到云端。与此同时，通过云计算的应用还能够实现对古建筑信息数据的存储，在古建筑信息数据的保护及信息数据的共享方面更具优势。

第七章　古建筑的防火案例分析

现存的这些古建筑目前的受保护程度不一，不同的地理位置条件也给我们的防火工作带来了不同的挑战。它们有的地处闹市，有的藏身深山，有的偏居一隅。根据不同的地理、自然、人文条件，防火策略也存在着差异，对这些不同类型的古建筑应该区别对待，根据这些差异做好防火工作，才能更好地保护这些人类共同的财产。

第一节　古建筑防火研究的重要性

古建筑忠实地反映和折射出在我国漫长历史的演变过程中，政治、经济、文化、科学以及建造技术、艺术等方面的成就，丰富的文化遗产是古代劳动人民智慧的结晶。然而，"火魔"却成为这些宝贵遗产持续存在的重大威胁之一。特别是以木及砖木结构为建造主体的古建筑及建筑群，受环境的影响，起火原因复杂多样，加之预防监控设施落后及短缺，扑救困难和不及时，一旦失火，损失难以挽回。因此，对古建筑防火应做深入的研究，这是一件意义深远的工作，应处理好以下几种关系。

一、自然侵蚀与日常保护的关系

自然侵蚀系指古建筑经受大自然风、雨、雷、电和寒、暑、霉、潮等的影响，以及自然界动物如鼠、蚁等的破坏。这些因素都严重影响到古建筑的保护，但尤以雷击起火为甚。在历史上，"从永乐十三年（公元1415年）到1949年的535年中，故宫共发生火灾60次，雷击13次"。安置避雷设施和对木质外壳进行阻燃处理，是日常保护的重要内容。古建筑在一定意义上讲是静态的，而日常保护是动态的，是可以不断提升保护的科技层面和保护力度的，以延缓或减弱自然侵蚀的作用。

二、保护原貌与人为使用的关系

对古建筑的保护，最高境界是保持原貌。众多的古建筑多数为宗教或景点使用，也有为居民占用或生产占用的，还有一部分基本闲置。在人为的使用过程中，要尽最大限度地维护其原有风貌，不能随意破坏和更改原有的结构、布局、风格，使古建筑失去所承载的历史文化信息。如晋商宅院，居民占用被有组织地逐步清理退出，并消除防火安全的隐患后，终于恢复了宅院的原貌，再现富甲天下的雄威。

三、尊重历史与开发利用的关系

古建筑的保护方式是多种多样的，比如教育利用、科研利用、文化利用、旅游利用。在这些利用方式中，旅游利用被普遍认为是解决古建筑保护问题的首选方式。

各级行政部门把古建筑开发作为发展地方经济的战略，促进了旅游业的迅速发展，也促进了对古建筑的保护和利用，使一大批古建筑得到及时地保护与修缮。比如山西平遥古城，借古城巍峨壮观之实景，连续几次举办世界摄影大赛，非常成功，既发展了旅游，搞活了经济，又带动了市场，丰富了文化。但是，也有一些地方，古建筑长期得不到恰当的保护与开发，致使古建筑在屡受自然侵蚀的同时，也频遭人类不善保护的侵害。过度开发的行为，甚至发生了随意拆建、推倒重建、周边乱建的事例，以及强硬地割断历史的短期行为，破坏了原汁原味的古风古貌，破坏了古建筑与大自然、与人类的和谐，削弱了悠久文化的信息载量，造成了不可挽回的损失。只顾经济利益，而不顾古建筑的防火安全，是开发过程中的致命缺陷。灿若星河的众多古建筑，能否延续下去，是一代人的历史重责，古建筑防火研究意义深远，而这一艰巨的历史任务，是不容敷衍和逃避的。

古建筑的利用方式一般是根据其价值而定的，一般会从价值和保存现状两个方面去考虑，但是由于古建筑资源具有巨大的旅游吸引力，所以很多地方都会对古建筑进行旅游资源式的开发，一方面为游客提供了游玩、观赏的去处，另一方面因旅游发展而带来的资金收入可以弥补古建筑维修的费用。当然，也存在一些古建筑出于价值大、易损坏等缘故，而对其进行密封式的保护。

第二节   城市范围内古建筑

全国尚存大量的位于城市中心地带的古建筑群落，这些古建筑往往是各朝各代占据重要地位的建筑物，比如宫殿、祭祀场所、名人故居等。而此类建筑物的防火形势也就更加严峻，从目前的形势来看，这些地处城市中心的古建筑，因为地处闹市，往往与周边建筑关系紧密且复杂，存在着大量的普通居民住宅和商业区。

一、城市范围内古建筑的类型

（一）宫殿

对比中西古代史，我们可以发现，西方古代最伟大、最辉煌的建筑是宗教建筑，而中国历史上长期来首尊儒术、重宗法伦理而轻宗教，宫殿、坛庙作为中国最高统治者实施统治、生活、祭祀的场所，须处处显示其"至高无上"和"尊贵富裕"的特征。这使得宫殿成为中国传统建筑体系中最伟大的代表，惟有统治者所使用的建筑——主要是宫殿，才能代表当时的最高建筑成就。虽然在中国古代社会，宗教始终处于政治权力之下，但宗教的影响力也无法忽视，同时，统治阶级也非常擅长使用宗教来维护自己的统治，并给予宗教较高的地位与较多的社会资源。中国历史上诸多佞佛风气便是由此而来。而时至晚清，也只有宗教建筑（包括一定程度宗教化的儒家建筑）才有权利使用皇室专用的黄瓦红墙等建筑等级的象征和称谓（宫、殿）。因此，除了政治权力的代表——宫殿建筑，宗教寺庙中的殿宇，也可以在较大程度上被视为宫殿建筑。

此外，目前国内现存最早的一批传统木结构建筑基本都是（宗教）宫殿建筑。因此，对宫殿建筑的研究有其重要性与典型性，同时亦不失其可行性。

（二）名人故居

名人故居，是指历史上曾经有名人定居、生活，并对周围环境（生态、文化等）产生一定影响的区域场所。作为历史文化遗产的重要组成部分，名人故居集建筑、人文和文物价值于一身，是名人文化与其周边生态环境共同作用下的产物，因此，名人故居是一种典型的文化生态单元，作为文化生态系统的重要内容，在继承民族精神、弘扬民族文化、提高民族素养等方面，发挥着不可替代的重要作用。

名人故居是城市历史环境的重要组成部分。名人故居的保护应注重对文化生态资源与环境的选择性保留与更新，使文化生态得以更好传承，积累有历史文化价值的建筑文化，其深层含义就是使人们怀念过去、研究过去、挖掘厚重的历史内涵与传承、发扬文化精神。

二、城市范围古建筑消防特点

城市是由人类群居生活不断壮大而慢慢形成的，城市的出现满足了人类各种心理和生理上的需要。而坐落于城市中间的各类古建筑就是为了满足人类在发展过程中的各种需要而形成的。这类古建筑往往在过去承载着更多的使用功能，比如：宫殿、达官贵人的府邸、寺庙、府堂等。这些建筑也带动了周边环境的发展，相应地在此类建筑周边往往聚居着更多的人群，在全国各地都在主打旅游牌的今天，这些地处在城市中心的古建筑就更是一种稀缺资源，对拉动经济、提高城市知名度有着不可取代的贡献。

这也就给我们今天的防火工作带来了难度：一是古建筑主体与周围民居防火间隔不够，或无防火间隔；二是无专用的消防通道，或消防通道极易堵塞或非法占用；三是游客数量大，疏散存在困难；四是祭祀类建筑存在使用明火的现象；五是只考虑了古建筑本身消防建设，忽略了周边环境对古建筑的影响；六是旅游主管部门与文物保护部门存在着权责不明确的现象。

三、城市范围内古建筑的防火措施

下面以西安市碑林博物馆为例，对城市范围内古建筑的防火措施进行具体分析。

（一）西安市碑林博物馆的简介

西安碑林始建于宋朝，是我国最早用于收藏碑文、石刻的专门性建筑，有些古代典籍或毁于战火，或遗失在历史的长河中，只有那些被古代先贤和大家们篆刻在石碑之上的这些历史典籍或是历史事件被较好地保存和流传下来。西安碑林作为保存数量最大、最完整的博物馆，陈列由碑林、石刻艺术、文物展览三部分组成，共有12个展室。现有7座碑室、8座碑廊、8座碑亭，加上石刻艺术室和4座文物陈列，陈列面积达4900平方米。陈列了从汉代到清代的各代碑石、墓志共一千多块，其中国宝级文物共134件，一级文物535件。它既是我国古代书法艺术的宝库，也汇集了古代文献典籍和石刻图案；记述了我国文化发展的部分成就，反映了中外文化交流的重要历史，尤其是对研究唐代文化具有重要的历史意义。

（二）西安市碑林博物馆火灾隐患

西安碑林博物馆坐落于西安市中心老城区，毗邻明城墙的文昌门。与周边民居紧密相邻，除南侧入口处与三学街和东侧新石刻博物馆与柏树林路有防火间隔外，其余各处均被周边民居或商业建筑紧紧包围。一旦周边发生火灾势必会影响碑林博物馆的安全。此外，馆外道路交通情况较为严峻，府学巷和咸宁学巷虽有宽约5m的消防通道，但是道路两旁游客、居民私家车辆占道现象严重，一旦发生火灾将会给消防扑救带来困难。

碑林博物馆北、东、西三向外墙与民居紧密相连，并且东、西两侧的府学巷、咸宁学巷目前多是从事书法装裱的店铺，店内堆积了各种宣纸、装裱用的木材等易燃物品，火灾荷载大，且商业区域和生活区域混杂，既是工作区域，也是生活区域，有着严重的用火危险。目前的消防重点都在于碑林博物馆内的防护，忽略了与周边环境的关系，现场发现博物馆周边巷道内部，除了每家有一个灭火器以外，并没有任何的消防器材，道路两侧也没有室外消火栓。

现场勘察发现，碑林博物馆的主要办公、文物修复和储藏用房分布在馆内，尤其是库房分布于馆内各处，不便于集中管理，也给消防管理带来了难度。由于文物保护的需要，展室内部无法进行集中供暖，因此，冬季存在采暖问题，展厅内存在使用电暖气等采暖设备进行采暖的现象，这也给古建筑带来了巨大的火灾隐患。虽然有消防通道能够从博物馆后门直通博物馆内部，但是受到古建筑本身布局的影响，消防车辆无法完全覆盖整个博物馆区域，博物馆前段由于受到仪门的影响导致车辆无法通过。

（三）具体的防火措施

1.明确各部门的权责，加强合作

各级政府和文物管理部门应加强对古建筑消防安全的管理工作，各级主管部门应该加强合作，文物古建筑消防工作仅靠某一个部门的力量是无法完成的，各个相关部门必须协调合作，明确责任关系。对古建筑尤其是古城的保护管理，可能涉及规划、建设、工商、环保、国土资源、旅游、文化、民族、宗教、公安、消防、水电、林业等众多行政职能部门。对古建筑的消防安全管理必然会涉及规划部门、公安消防机构、文物保护部门、工商行政管理部门、文化旅游部门、城管、乡镇政府（街道办事处）等诸多行政部门或机构，在古建筑群所在地，还会设立古城管理委员会。比如，在丽江古城的消防安全管理工作中，除了丽江古城保护管理委员会这一专门的古城管理机关外，规划、公安消防、建设、工商、文化旅游、文物保护等职能部门都要参与其中，按照各自的职责发挥作用。

此外，城乡规划是我国政府机关统筹安排城乡建设发展布局的主要依据，为政府做出具体行政行为提供指引，代表了政府的施政方向。政府的任何建设行为都要按照城乡规划进行，古建筑的消防设施建设也必然要服从城乡规划，所以在古建筑消防安全管理领域，城乡规划部门发挥着至关重要的作用。

（1）制订科学的、符合古建筑消防实际状况的消防专项规划，并将古建

筑消防内容纳入古建筑保护性详细规划，并督促落实规划。城乡规划部门要会同文物、公安消防、建设、古城保护管理机构等部门机构，依据我国有关古建筑消防保护的法律法规体系，紧密结合当地古建筑自然、人文等现实情况，编制古建筑消防专项规划。消防专项规划应包含以下内容：消防站（点）、消防供水、消防装备、防火分隔、消防车通道、用火用电设施改造等内容，同时还应当根据实际需要将其他内容列为消防专项规划的必要内容。

（2）城乡规划部门应督促城乡建设部门、地方政府严格按照已制订的消防规划来建设消防设施，不得擅自修改已制订的消防规划，应当将消防内容检查作为城乡规划检查的重要内容，会同公安消防机关、文物部门、古城保护管理机构检查消防规划的落实情况。

（3）按照规划应当建设的消防设施而没有建设，导致消防基础设施欠账的，应当提请地方政府组织有关部门进行建设改造，并督促落实。

（4）对不符合消防安全要求的建设工程，不予审批同意，不予发放建设工程规划许可证。

（5）对在消防规划实施过程中发现的不符合规划的行为要督促落实整改。

（6）如果发现规划内容不适合现实情况的，规划部门要会同文物、公安消防、建设、古城保护管理机构等有关部门研究修改不适合的规划内容。

2.强化消防安全监控

（1）制订古建筑火灾事故应急预案，并定期组织演练，根据需要不断完善应急预案。

（2）加强对古建筑消防安全的值班巡逻，排查古建筑内的火灾隐患。

（3）开展对古建筑使用人的消防安全教育培训，指导加强古建筑使用人的消防安全"四个能力"建设。

（4）代表政府与古建筑使用人签订古建筑消防安全责任书，细化明确古建筑使用人的消防安全管理职责。

（5）按照消防法律法规的要求确定消防安全重点单位，督促重点单位落实"户籍化"管理要求，或者在古城内对所有的商家和住户建立专门的消防档案，进行"户籍化"管理。

（6）推动政府建立多种形式的消防队伍，按照接到出动指令后5分钟内到达的原则，设立公安消防队、政府专职消防队、社区设消防点，在古城等古建筑群密集的地方设置专门的古城专职消防队。指导培训志愿消防队、单位专职消防队，以提高消防技能。公安消防队、政府专职消防队应当定期与志愿消防队、单位专职消防队开展联合演习，以提高协同作战的能力。

（7）严格按照规定做好消防审批、验收、备案等工作，对不符合消防要求的建设工程不予审批同意。

（8）对古建筑保护范围内的消火栓定期进行出水测试，对严寒地区的消防管网进行防冻技术处理，以保证火灾事故发生时能够及时有效灭火。

（9）在古建筑使用单位、古建筑消防队伍中配备小型、轻便、高效、灵活机动的灭火救援装备和器材，并会同文物等部门研发适合古建筑消防实际需要的防火技术和消防设施装备，并鼓励古建筑管理、使用单位（个人）采用先进技术。

（10）消防机关在消防检查监督过程中应当对发现的不符合消防安全要求的火灾隐患依法查处，并督促其当场或者限期整改落实，必要时可以强制执行。

3.细化消防安全管理内容

（1）严格把控旅游开发强度和火灾防控能力的匹配程度。

（2）将一定比例的古城旅游收入作为古城消防专用经费，建立古城消防经费保障机制。

（3）指定一名主要行政领导作为古城消防安全管理工作负责人，层层落实本机构消防安全责任制，责任具体到人。

（4）将古城消防安全作为日常巡查的重要内容，对发现的火灾隐患做好记录，要求社会单位等使用人限期整改，并采取行政处罚措施，必要时可以采取行政强制措施。

（5）加强对古城内居民、商户、游客及管理人员的消防宣传教育，将消防教育内容融入到古城的特色文化中，采取容易让受众接受的方式进行消防知识宣传教育，提高古城内民众的防火意识。配合公安消防部门做好对古城内社会单位和居民的消防培训教育工作。

四、历史文化街区的防火改造策略

（一）历史文化街区的特点

我国历史文化街区大多延续了千百年前的传统尺度，建筑密集，道路空间狭窄，开放空间少，大多已不符合当今人们对生活空间的要求。比如福州市三坊七巷历史文化街区的建筑密度高于60%，近代建设的天津市五大道历史文化街区，其部分地块的建筑密度也高于50%。北京市的30片历史文化街区内，有14%胡同宽度在3m（米）以下，48.5%的宽度在5m（米）以下。

历史文化街区是历史文化遗产和城市生活重叠存在的场所，其功能随着城市的发展而变迁（多由居住功能演变为商业、零售等功能）。比如厦门鼓浪屿历史文化街区在近代遭到侵略时被划分为各国租界，建筑多为居住、办公，现已开发成旅游度假胜地，建筑功能多为零售商业、餐饮和旅馆等。当然也有功能较完整地延续下来的，比如南京梅园新村历史文化街区的商业开发较少，仍然有相当数量的居住建筑。

历史文化街区内大量建筑功能的变更，特别是原有居住功能变为商业、办公等功能会导致人群的大量聚集，原有的物质空间和设施水平难以承载人口数量激增所带来的负荷。

历史文化街区内的建筑普遍存在老化严重的状况，除去部分价值极高的文物保护单位能够被加固和修复，大部分保护等级较低的历史建筑（多为民居）缺乏修葺、保养，建筑质量较差且由于资金等问题得不到改善，这些建筑大多不具备抵抗灾害的能力。

（二）历史街区的分类与特征

历史街区的分类没有形成统一标准，《国外历史环境的保护和规划》将历史街区划分为"文物古迹地段"和"历史风貌地段"两种类型。桂晓峰在硕士论文《历史街区保护的实施问题研究》中提出两种分类标准：形成背景和功能。

根据形成背景，历史街区分为：街道型、河道型；

按照功能分为：居住型、商业型、混合型。

除此之外，我国历史街区在生成方式和建筑风格上也有明显区别。①生成方式上：近代大城市的历史街区一般存在明显的规划设计；传统中小城市受经济条件、增长方式的限制基本上是自发成长而来，两者在生长肌理、空间结构上区别明显，可分为有机生长型、规划设计型。②建筑风格上：从明清开始时历经百年发展基本体现了本土建筑文化的内涵；部分大城市在殖民时期兴建的大量建筑不仅采用现代材料、构造形式和现代建筑风格，在规划布局上也受现代城市规划理论影响。综合各方面，历史街区存在四种分类标准：形成背景、功能、生成方式、建筑风格。

标准	类型	特征	存在问题	案例
形成背景	街道型	依托城镇道路形成发展	火灾易蔓延、水源不足	北京白塔寺
	河道型	依托水运形成港口、码头	水源充足，陆地缺乏足够救火操作面	凤凰古城
功能	居住型	以居住为主要功能	生活火灾隐患多	阆中古城
	商业型	以商业为主要功能	可燃物多，易蔓延、人流多	淄博周村
	混合型	商业和居住混合型	介于两者之间	杭州河坊街
生成方式	有机生长型	自然生长型、空间形态丰富	小巷多、窄，不利于消防车救火，基础设施不足	湖南洪江古城
	规划设计型	经过明显规划，风格较统一	建筑结构以及基础设施老化严重	天津五大道
建筑风格	传统型	以传统为主、肌理自然、尺度宜人	道路偏窄、建筑耐火等级低	平遥古城
	近代型	现代建筑风格、尺度兼顾车行	建筑高度高，基础设施老化	天津五大道

图7-1 历史街区分类

（三）历史文化街区的防火改造策略

1.划定防火分隔

根据重要文物保护单位的分布情况，以重要文物保护单位为每个防火分区的中心，建立历史文化街区的防火分隔。

建立防火分隔是保证历史文化街区火灾不蔓延的决定性因素。历史文化街区与普通城市地区不同，应针对历史文化街区自身的尺度划定防火分区，设立防火隔离带。

可以设立为防火隔离带的有：防火屋、防火墙、防火树木、防火绿地等。当防火隔离带落到建筑上，可以采用防火屋和防火墙的形式；当落到街巷时，对不重要的街巷可进行打通或拓宽处理，需要保护的街巷可以采用种植防火树木的形式；当落到开敞空间，可以采用防火绿地的形式。防火隔离带应设置喷水枪、防火水幕带等消防设施；对重要的文物保护单位、保护建筑，可在其周围设置环形防火隔离带。

防火屋：在明代，为确保盛放皇帝銮驾仪仗等器物的仓库万无一失，每隔7间房屋空出1间，并将这间房屋的四壁砌成无门无窗的砖墙；然后，在房间内充填三合土，直到顶部用夯压实；最后，封砖盖瓦。防火屋可以借鉴此种方式，对不重要的建筑进行防火改造处理，或直接将整栋房屋全作防火分隔用。

防火墙：我国南方的传统民居有在相邻建筑或庭院之间设置"防火墙"的做法，如徽派民居的马头墙、岭南民居的"锅耳墙"等，都能在相邻民居发生火灾的情况下，起到隔离火势、阻止其蔓延的作用。将这些建筑中遗留下来的古老的防火措施加以修缮和利用，可加强建筑之间的防火性能。

防火树木：需要保护不能更改宽度的街巷可以种植防火树木等，我国北方常用的防火树种有刺槐、银杏、杨树、核桃、香椿等；南方的防火树种有木荷、法国冬青、油茶、杨梅等。

防火绿地：如果防火隔离带落到公共空间，可以将其改造为防火绿地。防火绿地不仅在距离上将火势隔绝，还可以作为避难场地使用，配备消防设施，供火灾时人们避难。

只要保证火势不从单体建筑向街区的其他部位蔓延，那么适用于历史文化街区的小型消防器材就更容易发挥作用，将火势控制到最小。

2.划定消防疏散通道

历史文化街区的空间尺度、功能布局、人口密度等因素均会对疏散避难等问题造成影响，而疏散的途径只有通过交通系统才能完成，因此，历史文化街区的疏散需要在道路交通模式和交通设施的改善上进行落实。

针对历史文化街区的街巷尺度不满足消防车道要求的问题，首先应对历史文化街区的街巷整体进行治理。对新建的道路、对历史风貌影响不大的道路，应适当拓宽、打通，同时根据历史文化街区自身的道路等级，合理划定街区内的消防通道，保持其通畅度；在历史文化街区外围应设置环形消防通道；对空间复杂的院落和重要文物保护单位，可在其周围划定消防通道。

此外，历史文化街区内应制订合理的交通管理办法，不同宽度的道路承担不同的交通功能。如北京市旧城区25片历史文化街区内，宽度小于3m的胡同为步行和非机动车道路；宽度为3~5m的胡同主要是步行和非机动车道路；宽度为5~7m的胡同为非穿行性机动车单向道路；宽度为7~9m的胡同可以组织为机动车双向道路，适当承担局部地区的穿行性交通任务；宽度大于9m的胡同适当承担局部地区的城市交通任务。

第三节　远离城区的古建筑

中国古建筑分布甚广，在全国各地都分布着许多远离城市的古建筑。这些建筑或是一些历史人物的宗祠、故居、墓冢；或是一些人杰地灵之地的寺庙。这些古建筑都有一个共同的特点——地域特色浓重。这对研究当地历史和地域文化传承有着不可取代的意义。而此类建筑往往远离市区，交通和用水条件较为不便利。这就给防火工作带来了极大的不便。一旦发生火灾只能依靠建筑本身自有的消防设施进行施救。下面以陕西省的仓颉庙和周公庙为例，进行远离城区古建筑的防火措施分析。

一、远离城区的古建筑介绍

（一）仓颉庙的简介

仓颉庙位于陕西省白水县城东北35公里处的史官乡，属于国家级文物保护单位，是为了纪念文字始祖仓颉而建立的。最早始建于汉代，有文字记载的历史就有1800多年。仓颉庙占地17亩，庙墙内南北长127米，东西宽约77米。仓颉庙内建筑，沿中轴线由南向北依次为照壁、山门、东西戏楼、前殿、钟鼓楼、报亭、雕像、正殿、后殿及东西厢房组成。仓颉庙内历朝历代石碑众多，其中最负盛名的仓圣鸟迹书碑，至今仍保存完好。庙内还有大量的古树、砖木雕等。

（二）仓颉庙火灾隐患

1.目前仓颉庙的古建筑和古柏基本上已封闭在围墙内，仅少数两三株古柏仍在围墙外，在管理上较为有利，但随着旅游事业的发展，游人数量增多，游客乱扔烟头，一遇上可燃物就会发生火灾，造成人为火灾。

2.由于仓颉庙周围较为平坦，距山地还有一段距离，发生雷击也是难免的，这也是发生火灾的重要原因。

3.每年的庙会，纪念仓颉生日时唱对台戏，人满为患，这是突发性火灾产生的原因。

（三）远离城市范围古建筑消防特点

偏居一隅的古建筑相对于那些坐落于城市中心的古建筑，其与周边环境的关系更加明确，作为某一地区的历史文化象征，其对所在地的地位更加独特，所以这些建筑往往有足够的防火间隔。但是也存在着许多问题。

1.远离城市，交通不便，消防救援难以及时到达；

2.没有完善的地下水系统，消防用水难以保障；

3.经费难以保障，制约消防设备的建设；

4.周边居民和工作人员消防意识薄弱；

5.缺少完善的消防应急预案，一旦发生火灾没有有效的自救方案；

6.使用功能复杂，寺庙、宗祠等存在使用明火现象，有些单位甚至还存在堆柴生火的现象；

7.存在集会现象，节假日、纪念日突发性的人流压力大；

8.古树众多，缺少有效的防雷措施。

（四）远离城区的古建筑防火措施

1.针对交通不便，消防救援难以及时到达的现象，其所在地政府建立一支消防应急小分队，着力于自救古建筑。相关主管部门应在火灾发生时，第一时间做出反应，将火灾损失控制在最小。

2.针对没有完善的地下水系统、消防用水困难的情况，应加快地下消防水池和配套消防泵房的建设。严格按照建筑面积、防火等级、建筑物保护级别来设置消防设施。

3.合理布置便携式消防设备，真正做到物尽其用。尤其是有明火的区域更加应该加强。

4.加强火灾警示性标志的建设，提高参观人员的警惕性。

5.加强消防应急车道的建设，在进行旅游规划时就应该将消防车道等措施纳入到规划当中。

6.向周围居民发放消防知识手册，加强用火安全的宣传，提高消防安全意识。

7.坚决杜绝工作人员在古建筑内部使用大功率用电设备和不合格用电设备，比如：热辐射型采暖设备、暖手宝、热得快等。

8.工作人员生活区域应进行严格管理，坚决杜绝乱搭乱接、使用柴火生火的现象。

9.所有的管理人员均为消防人员，并由管委会领导兼任消防负责人；制订消防管理措施，专人负责，分工明确，采取二十四小时不间断值班制，特别是夜间巡逻；电源力争两路供电，若有困难时宜设后备柴油发电机，以供消防泵和深井泵正常运转；夜间一定要关锁古建筑的门窗，防止盗窃文物和发生人为火灾，有条件时应安装红外线防盗监控装置，及时报警。

10.加强古树避雷措施建设，相对于城市环境远离城市地区的四周建筑相对较低，古树更易遭遇雷击。有条件的应在古建筑院落内建立高度高于四周建筑和古树的避雷塔将整个古建筑区域纳入到保护范围内。

二、远离城市的山地古建筑

（一）周公庙简介

周公庙位于岐山县城西北7.5公里的凤凰山南麓，即《诗经》记载的"凤凰鸣矣，于彼高冈"处，唐武德元年（618年）为纪念西周的周公姬旦而修建。庙内古树参天殿堂成群，除了周公正殿外，还有召公、太公等周人先祖及功臣勋将的配殿，汉白玉武将像等古迹名胜。

周公庙，距今已1300多年，是专门为纪念祭祀周公而建的。庙区现存古建筑30余座，占地约7公顷，整体建筑对称布局，殿宇雄伟，亭阁玲珑。庙内现存碑与石刻众多，并有汉、唐、宋、元、明古木多株。

（二）周公庙防火隐患

周公庙风景名胜区规模宏大，现存古建筑三十多座，唐柏汉槐多株，植被茂密，浓荫蔽日，一旦发生雷击难免会波及古建筑。在进行消防改造前消防设施仅有小型便携式灭火器，庙内用水仅靠山泉水供给，冬季还有结冰现象，消防用水根本无法得到保障，且周公庙位于山岭之上，救援车辆无法直接到达庙区范围，自救能力近乎于零。

（三）山地古建筑消防特点

1.位居山岭，救援无法及时到达；

2.距离专业消防队较远，救援车辆无法直达现场，扑救困难；

3.山顶水源稀少，个别地区存在枯水期，消防用水难以保障；

4.山顶四面来风，火借风势难以控制；

5.地势高，易被雷击；

6.宗教活动频繁，多有明火使用；

7.火灾发生后难以疏散。

（四）远离城区的山地古建筑消防应对措施

1.寺庙的消防管理重点。对各寺庙宗教场所的消防安全管理和防火巡查制度的落实情况、应急疏散预案的制订情况；酥油灯、香火炉等与周围可燃物是否采取了防火隔热措施；消防设施器材完好情况；液化气使用、生活用电、电气线路铺设和人员掌握消防安全知识等情况进行检查。对检查中发现的问题一一记录并向宗教场所负责人反馈，大队监督执法人员填写《消防监督检查记录》，能当场整改的火灾隐患要立即整改，不能当场整改的火灾隐患，依法下发《责令限期改正通知书》，要求在整改期限内整改存在的火灾隐患，整改完毕后向消防部门汇报整改情况。此外，监督执法人员还应详细地向各寺庙宗教场所人员介绍古建筑火灾事故，耐心讲述寺庙宗教防火工作的重要性，并向寺庙的宗教人员现场讲解示范灭火器的使用方法和初期火灾的扑救及火场逃生自救知识。要求各寺庙宗教场所负责人要高度重视消防安全，加强防火巡查检查力度、火源电源的管理力度，进一步加强寺庙宗教场所内的消防组织建设，最大限度地消除火灾隐患，切实提升寺庙宗教场所防控火灾的能力，为广大群众的文化生活提供切实的保障。

2.增加设置消防安全警示牌，提高游人和宗教人员的消防安全意识，避免麻痹大意造成的火灾安全事故。

3.立足自救，健全消防扑救设施，各个建筑物内外皆应该部署灭火器，并定期进行检查，避免小火变大火。

4.山顶群体性建筑应该完善火灾消防预警系统和监控系统，并配备备用发电装置，避免山顶断电时系统无法正常运行。

5.群体性古建筑，应考虑划定一条紧急逃生线路，并在具体线路上设置指示标志，避免人群在疏散过程中出现慌不择路的情况，并将线路印制在门票之上。

6.大型古建筑仅靠便携式灭火器无法起到作用，应考虑建设室外消防栓和配套的消防水泵房系统。由于山上消防用水无法保障，北方地区冬季还会有结冻的现象，因此，在建设消防水池时应考虑用水的收集和防止结冰的设施备置。此外，消防水池的设置应该因地制宜，借用地势条件设立高位水箱，落差较高者应考虑安装减压设备。

参 考 文 献

[1]卜星宇.新媒体语境下中国少数民族非物质文化遗产的数字化传承[D].北京：北京印刷学院，2015.

[2]曹亚苹.基于非物质文化遗产数字化保护的平台设计研究[D].上海：华东理工大学，2016.

[3]陈虎.基于西安明城区空间结构的近现代建筑环境保护与更新研究[D].西安：西安建筑科技大学，2016.

[4]陈金燕.试论有效加强文物管理水平的科学措施[J].旅游纵览(下半月)，2016，(06)：279.

[5]陈义秀.浅谈文物管理[J].企业导报，2013，(04)：256-257.

[6]党元淼.我国非物质文化遗产数字化保护模式研究[D].西安：西安工业大学，2016.

[7]房颜.文物管理系统的设计与实现[D].济南：山东大学，2014.

[8]冯熙.开远市文物管理的现状、问题及对策研究[D].昆明：云南大学，2013.

[9]何涛.浅析博物馆文物管理存在的问题及其博物馆发展趋势[J].教育教学论坛，2017，(23)：95-96.

[10]侯超然.历史文化街区的防火防震改造研究[D].北京：北京工业大学，2016.

[11]黄薇然.基于产业化视角下的非物质文化遗产保护与开发[D].成都：西南交通大学，2017.

[12]李广庆.浅析博物馆文物管理中的文物保护措施[J].赤子(上中旬)，2017，(03)：163.

[13]李思雨.仿古建筑群人员安全疏散与火灾烟气研究[D].北京：北京建筑大学，2016.

[14]李涛.基于RFID技术的文物管理系统设计与实现[D].成都：电子科技大学，2014.

[15]刘柯新.城市商业区古建筑周边景观环境探析[D].太原：太原理工大学，2017.

[16]刘培国.文物管理信息系统的设计与实现[D].成都：电子科技大学，2014.

[17]刘天生.国内木构古建筑消防安全策略分析[D].上海：同济大学，2006.

[18]刘希臣.我国古建筑防火保护策略的研究[D].重庆：重庆大学，2008.

[19]刘鹰翔.古建筑基本信息模型在保护工程中的应用研究[D].兰州：兰州

交通大学，2016.

[20]刘玉川.文物古建筑防火对策研究[D].西安：西安建筑科技大学，2014.

[21]路东升.文物管理体制改革探析[J].质量探索，2016，13(05)：108-109.

[22]马德良.基于数字化技术的海岛非物质文化遗产保护[D].舟山：浙江海洋学院，2014.

[23]孟宪微.加强文物保护和管理的措施探讨[J].赤子(上中旬)，2016，(20)：175.

[24]裴红善.探讨有效加强文物管理水平的科学措施[J].才智，2016，(04)：275.

[25]彭蕾.文物管理现代化指标体系构建与评价研究[J].中国文物科学研究，2016，(04)：14-19.

[26]钱佳.传统聚落防火技术体系研究[D].北京：北京建筑大学，2016.

[27]秦枫.非物质文化遗产数字化生存与发展研究[D].合肥：中国科学技术大学，2017.

[28]任壮.近现代建筑遗产周边环境的保护与整治[D].天津：天津大学，2015.

[29]税宗琼.博物馆文物管理的瓶颈问题及改进措施[J].文化学刊，2015，(06)：149-150.

[30]王建明，王树斌，陈仕品.基于数字技术的非物质文化遗产保护策略研究[J].软件导刊，2011，10(08)：49-51.

[31]王盛亚.拉萨市古建筑保护的法律研究[D].拉萨：西藏大学，2017.

[32]王世贵.博物馆文物管理现状和改进措施[J].农村实用科技信息，2015，(06)：56.

[33]王旭.城市古建筑及周边环境的共生性研究[D].济南：齐鲁工业大学，2015.

[34]王义.济南芙蓉街历史街区消防安全调查评价及其对策研究[D].天津：天津城市建设学院，2012.

[35]魏静涛.我国古建筑消防安全管理的行政法规制[D].重庆：西南政法大学，2015.

[36]徐苛珂.基于苏州古城区传统建筑修复的围护结构节能改造研究[D].苏州：苏州科技大学，2017.

[37]徐晓晨.西安老城区近现代历史建筑周边环境保护与更新研究[D].西安：西安建筑科技大学，2016.

[38]徐钟铭.木结构古镇消防安全现状调查及火灾风险评估[D].四川：四川师范大学，2014.

[39]闫晓曦.苏州古城内古建筑修复改造风环境技术研究[D].苏州：苏州科技大学，2016.

[40]严颖.景德镇老城区明清古建筑古街保护和改造研究[D].景德镇：景德镇陶瓷学院，2014.

[41]姚磊.浅谈有效加强文物管理水平的科学措施[J].才智，2016，(17)：280.

[42]余日季.基于AR技术的非物质文化遗产数字化开发研究[D].武汉：武汉大学，2014.

[43]翟小昀.借鉴国外经验研究探讨我国古建筑保护及维护[D].青岛：青岛理工大学，2013.

[44]张曼莉.西安市近现代历史建筑环境保护与设计研究[D].西安：西安建筑科技大学，2013.

[45]张瑞珍.浅析博物馆文物管理中的文物保护措施[J].东方企业文化，2015，(19)：86-87.

[46]张雅婕.建筑遗产周边环境景观设计模式探析[D].太原：太原理工大学，2015.

[47]张忠权.探讨我国文物管理工作中存在的问题及解决对策[J].才智，2016，(17)：276.

[48]朱强.古建筑火灾烟气流动模拟与模型实验研究[D].重庆：重庆大学，2007.